图书在版编目（ＣＩＰ）数据

深圳石头纯设计机构.手绘强化演绎篇/石尚江编
著.—天津：天津大学出版社，2014.6

ISBN 978-7-5618-5095-4

Ⅰ.①深… Ⅱ.①石…Ⅲ.①空间－建筑设计－技法
(美术)Ⅳ. ①TU204

中国版本图书馆CIP数据核字(2014)第131410号

出版发行　天津大学出版社
出 版 人　杨欢
地　　址　天津市卫津路92号天津大学内（邮编：300072)
电　　话　发行部022-27403647
网　　址　publish. tju. edu. cn
印　　刷　南宁市五环彩印有限公司
经　　销　全国各地新华书店
开　　本　787mmx1092mm 1/12
印　　张　12
字　　数　130千
版　　次　2014年7月第1版
印　　次　2014年7月第1次
定　　价　68.00元

深圳石头纯设计机构
——手绘强化演绎篇
Shenzhen stone pure design agency
hand-drawing works

室内　园林　建筑　快题手绘表现

石尚江　编著

天津大学出版社
TIANJIN UNIVERSITY PRESS

Preface

The 21st century is a digital era when scientific technologies, information and productivity develop fiercely. The developed material foundation stimulates the spiritual needs of people, drives the subject & object markets, and produces the new needs. Matter, spirit and ideology have evolved the new productivity manners and facilitated the variety of productivity forms.

In such background, space designers are confronted with new requirements as how to realize innovation of originality designs in the rapid & developed material civilization, how to realize operation of the design project efficiently, professionally and exactly, and how to keep themselves unbeatable in the fierce market competition and make their works fresh with the lasting vitality. Since the Reform and Opening-up Policy of China was carried out in the late 1970s, every economic sector has gained the fierce development. However, the originality design industry that falls into the building decoration sector is just in its initial stage. In this stage, the space designers are provided with the comparatively weak comprehensive abilities, but the designers who have mastered the space hand-drawing performance have showed the overall aesthetic quality of comprehensive space organizing, reflected the guideline that design was to settle problems and create values for customers, won projects, grasped the initiative, and realized their own dreams to be designers.

Nowadays, the space hand-drawing performance even plays a decisive role for the space designers. Every detail of the space hand-drawing performance can be found from the project design plan drafting stage to the midway plan revision, and from the plan finalization to even the project completion. In the plan design sketching stage, the indistinct design structure in the mind of space designers is mainly captured by the violent and intemperate lines in the hand drawings. Although it is illegible, the line sketch expresses the clear idea and grasps the aorta of project design; in the mid stage of plan, the prototype of concept comes out, and the plan is displayed in the form of draft, and rationality and sensibility of space-organizing techniques for hand drawing, including perspective, scaling, composition and aesthetic play their due roles, the displayed picture is guided by the crucial points and the subject, and the picture line details are depicted roughly; in the late stage of plan, the project design framework has been determined, and the hand drawing space is displayed as the detailed draft. It focuses on the detail depiction and the overall space effect of picture, pays attention to application and display of materials, lights and special materials, and displays a space effect that can be understood by the mass; for the space designers, the space hand-drawing performance itself also shows their different qualities in a comprehensive way. The overall space picture effect organized by them (integrating the diverse & complicated styles, the dazzling decoration media, various models & colors, and so on together harmoniously to deduce the customer-stunning space atmosphere, settle the actual problems of customers and create values for customers) shows not only their art skills, but also their cultural deposits and understanding of design as well as their sense of life.

With the development of current digital technology and variety of originality design space impression drawing display forms, methods, techniques, materials and so on for the space hand-drawing performance must also be updated and innovative persistently. In view of the fast life pace and the highly-efficient working pace, the space hand-drawing performance should develop not only at the high speed but also with the good quality, and hand-drawing training organizations, hand-drawing performance methods innovation and bare-handed quick performance will appear accordingly. Meanwhile, the hand-drawing performance shows the variety of application fields. Moreover, due to its artistic and practical quality, it shows many potential values as well. Thus, for designers of any major, it has been an overwhelming trend to study the design hand-drawing performance and promote the project designs through the rich hand-drawing performance forms towards perfection for various projects in different stages with high efficiency and at the high speed.

Shi Shang Mr Jiang
In October 2013 in Shenzhen

石尚江

1980年出生于广西柳州市

著名室内建筑师

中国建筑装饰协会室内设计分会会员

中国国际室内设计联合会理事会员

亚太空间设计师协会（APSDA）会员

深圳市室内设计师协会会员

AI亚太设计师联盟专业会员

深圳石头设计教育空间手绘表现导师

深圳石头纯设计机构创意总监

2013年度中国国际大学生空间设计大奖 "ID+G金创意" 特邀专业导师

2013年荣获 "ID+G 金创意" 国际空间设计大赛 ——

　　2013年度 "十佳餐饮娱乐空间设计奖"

　　2013年度 "十大精英设计师奖"

2013年荣获中国国际建筑装饰及设计艺术博览会——

　　"2012—2013年度十大最具创新设计人物奖（酒店设计类）"

2013年荣获中外酒店（八届）白金奖——"最佳酒店创意白金设计师"

Personal Profile

Shangjiang Shi

Born in Liuzhou of Guangxi Zhuang Autonomous Region in 1980 Famous interior architect
Member of Interior Design Sub-association under China Building Decoration Association
Member of China International Interior Design Association Council
Member of Asia Pacific Space Designers Association (APSDA)
Member of Shenzhen Municipal Interior Designer Association
Professional Member of IAI Asia Pacific Designer Federation
Hand-drawing Performance Tutor of Shenzhen Stone Design Education Institute
Originality Chief of Shenzhen Stone Pure Design Institute
Invited Professional Tutor of China International University Student Space Design Grand Prize (2013)-"ID+G" Gold Originality
Won a prize in the "ID+G Gold Originality" International Space Design Competition in 2013
" Top 10 Catering & Entertainment Space Designs Prize" in 2013
"Top 10 Elite Designers Prize" in 2013
Won a prize in the China International Building Decoration & Design Art Expo in 2013
" Top 10 Most Innovative Designers Prize (Hotel Design) for Year 2012-2013"
Won the China & Foreign Hotel (8th) Platinum Prize -"Best Hotel Originality Platinum Designer" in 2013

前言

    21世纪是科技迅猛发展、信息高速发达以及生产力数字化的时代。物质基础的发达刺激了人们的精神需求，拉动了主客市场，产生了新生需求。物质、精神、意识形态演化出了新的生产力方式，并推进了生产力形式的多样化。

    如此背景下，作为空间设计师如何在高速发达的物质文明时代中实现设计创意的创新，如何高效、专业、精准地实现设计项目运作，如何在激烈的市场角逐中处于不败之地，如何让设计的作品始终焕发出持久的生命力，是向空间设计师提出的新的要求。从20世纪70年代末开始，中国进入改革开放以来，中国经济在各个行业得到了迅猛的发展，而建筑装饰行业的设计创意产业正处于一个起步阶段，此阶段的空间设计师具备的综合能力相对较弱，但对于掌握空间手绘表现的设计师来说，却表现出了综合处理空间的整体审美素质，体现出设计的宗旨就是解决问题、为客户创造价值，赢得了项目，掌握了主动权，圆了自己的设计师梦想。

    而如今，空间手绘表现对于空间设计师来说更是起到了举足轻重的作用。从项目设计的方案起稿阶段到中途方案的修改，再到最后方案的定稿甚至到工程项目的完工，空间手绘表现的每一个细节无不贯穿其中。在方案设计的草图阶段，空间设计师脑海里模糊的设计架构主要通过手绘表现草图激烈、放纵的线条去捕捉，线稿潦草但是意念清晰，把握住了项目设计的主动脉；在方案的中期，概念的雏形已经出来，方案以初稿的形式表现，手绘表现处理空间的技巧——透视、比例、构图、审美的理性和感性发挥了作用，呈现的画面以画龙点睛、把握主题为导向，画面线稿细节刻画相对粗犷；在方案的后期，项目设计框架已定，手绘表现空间体现为细稿，注重细节刻画和画面整体空间效果，注意材质、灯光、特殊材料应用表现，呈现出一个能够让大众认识的空间效果。作为空间设计师，空间手绘表现本身也综合体现了设计师的各方面素质，从设计师处理整体空间画面的效果——纷繁复杂的风格流派、琳琅满目的装饰媒介、各种各样的造型与色彩等如何和谐组合在一起，演绎出为客户所惊叹的空间氛围，解决客户实际问题，为客户创造价值，既体现了空间设计师的美术功底，也看出了设计师的文化底蕴和对设计的理解，更是表露出了设计师的生活感悟。

    伴随着当代数字科技的发展，设计创意空间效果图表现形式的多样化，空间手绘表现方法、技法、材料等也必须与时俱进、不断革新。针对当代快节奏的生活步伐和高效率的工作节奏，空间手绘必须向既快速又有质量的趋势发展，手绘培训机构、手绘表现方法创新、徒手快速表现应运而生。手绘表现同时呈现出了应用领域的多样化，也由于它的艺术性和实践性，更是体现出了诸多潜在价值。因此，无论是何专业的设计师，学习设计手绘表现，通过丰富多彩的手绘表现形式实现诸多项目和项目诸多阶段的设计，高效、快速地推进项目设计趋于完美，已经成为势不可挡的时代潮流。

2013年10月于深圳

目录 // Contents

01 手绘基础

Hand-painted Foundation
Shi Shangjiang Hand-painted Performance1

画具

勾线笔

　　勾线笔主要有水性笔、针管笔、活动铅笔等，选用勾线笔要注意行笔时水性流畅、均匀。

马克笔

　　马克笔(也称麦克笔)是设计师空间手绘表现中最常用的着色工具，根据颜料的性质主要分为水性和油性两种。水性马克笔价格相对油性马克笔实惠些，因此在练习过程中，最好选用价格相对实惠的水性马克笔。

　　马克笔的色彩共计120余种，可以根据表现的需要单色选购，主要选择灰色系列，不宜选择过多非常艳丽的色彩。

选用的马克笔品牌：

霹雳马(Prismacolor)　　BAOKE宝克

彩色铅笔

　　彩色铅笔也是现代空间设计师手绘表现中最常用的颜色表现工具，根据颜料的性质也分为水性和油性两种。彩色铅笔在表现过程中主要起到过渡和细节刻画的作用。个人建议选择水性彩色铅笔。

平行透视

　　通俗地讲平行透视就是指一点透视，是初学者学习空间手绘表现的入门基础，是指导空间设计师进行空间手绘表现的基本方法论，它的绘制原理和制图步骤简单且易于理解，是其他空间透视制图原理的基础。因此，一点透视制图原理是空间手绘表现初学者必须具备的理论和指导思想。

　　以下我们通过一个实例以具体步骤的方式来详细讲解平行透视制图过程的基本原理。

　　我们虚拟一个家居空间的客厅，在透视绘制前，首先要详细了解家居客厅空间的长、宽、高等具体尺寸。在平面图中，我们以上北下南、左西右东的识图惯例标注了指北针，同时标注了去除墙体厚度的空间尺寸和室内高度，我们采用由北向南的方向来进行空间透视表现（图1）。

步骤1

　　首先，按照图中所注明北墙的宽度和高度，勾画出一个长方形，也就是"单位面"，所勾画的长方形要略小于所用纸张（图2）。以1m为单位，按比例为"单位面"标注（图3）。

步骤2

　　确立视平线（以下称HL线），通常以1.6m或1.7m为人的平均身高，此高度也称为"正常视高"。由视空间表现需要，此高度可以做相应调整。以下我们以1.5m为HL线（图4）。

　　在HL线上确立灭点（以下称VP点），VP点位置的确立视表现需要进行横向左右挪动，一般以2:3或1:2的关系确定（图5）。

　　将A、B、C、D四点分别连接于VP点，再向外引出W、X、Y、Z四条线段（图6）。

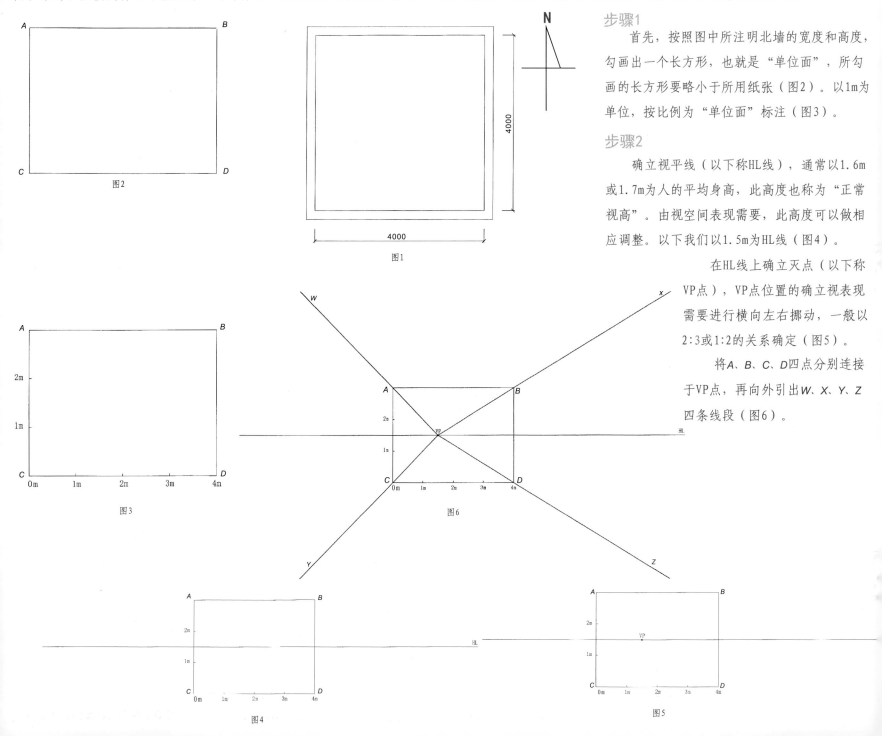

图2

图1

图3

图6

图4

图5

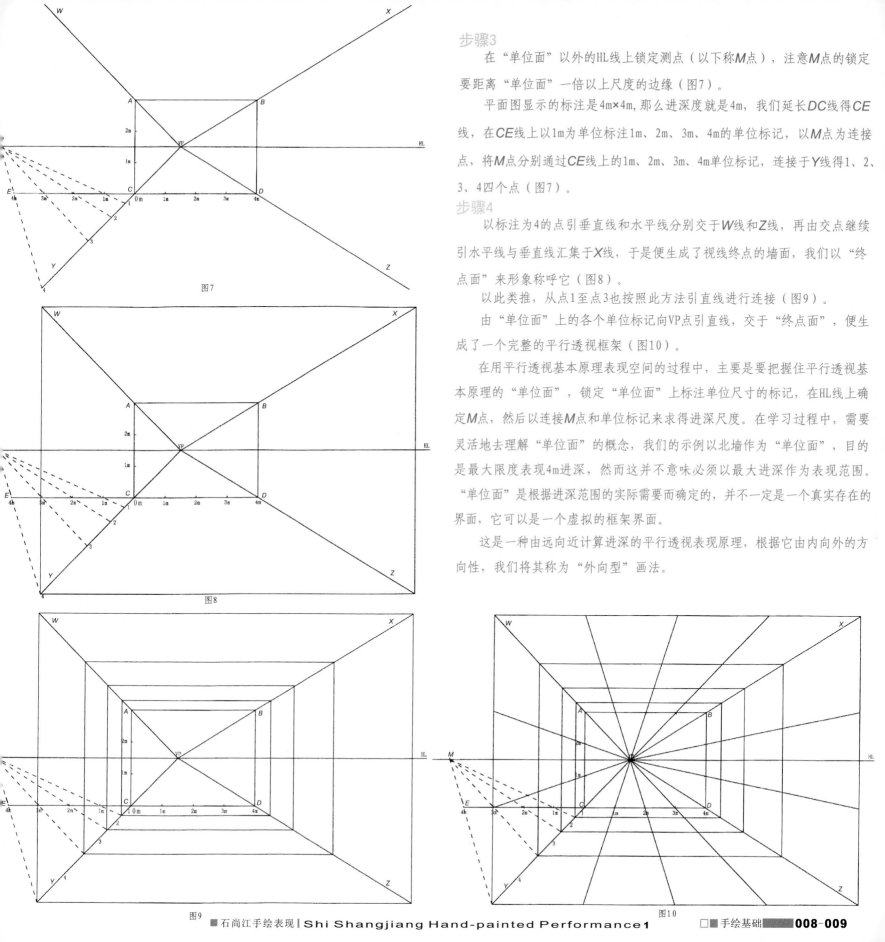

图7

图8

图9

图10

在"单位面"以外的HL线上锁定测点（以下称M点），注意M点的锁定要距离"单位面"一倍以上尺度的边缘（图7）。

平面图显示的标注是4m×4m，那么进深度就是4m，我们延长DC线得CE线，在CE线上以1m为单位标注1m、2m、3m、4m的单位标记，以M点为连接点，将M点分别通过CE线上的1m、2m、3m、4m单位标记，连接于Y线得1、2、3、4四个点（图7）。

以标注为4的点引垂直线和水平线分别交于W线和Z线，再由交点继续引水平线与垂直线汇集于X线，于是便生成了视线终点的墙面，我们以"终点面"来形象称呼它（图8）。

以此类推，从点1至点3也按照此方法引直线进行连接（图9）。

由"单位面"上的各个单位标记向VP点引直线，交于"终点面"，便生成了一个完整的平行透视框架（图10）。

在用平行透视基本原理表现空间的过程中，主要是要把握住平行透视基本原理的"单位面"，锁定"单位面"上标注单位尺寸的标记，在HL线上确定M点，然后以连接M点和单位标记来求得进深尺度。在学习过程中，需要灵活地去理解"单位面"的概念，我们的示例以北墙作为"单位面"，目的是最大限度表现4m进深，然而这并不意味必须以最大进深作为表现范围。"单位面"是根据进深范围的实际需要而确定的，并不一定是一个真实存在的界面，它可以是一个虚拟的框架界面。

这是一种由远向近计算进深的平行透视表现原理，根据它由内向外的方向性，我们将其称为"外向型"画法。

成角透视

成角透视也就是指两点透视。

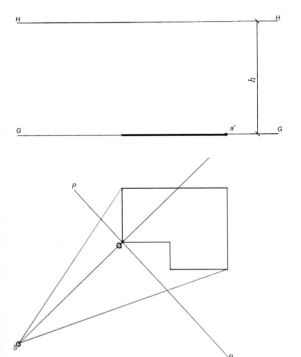

图1

已知某建筑平面图，并给出了 $P—P$ 和站点 S 的位置（图1），设视高为 h, 以下画该平面图的透视图（图2）。

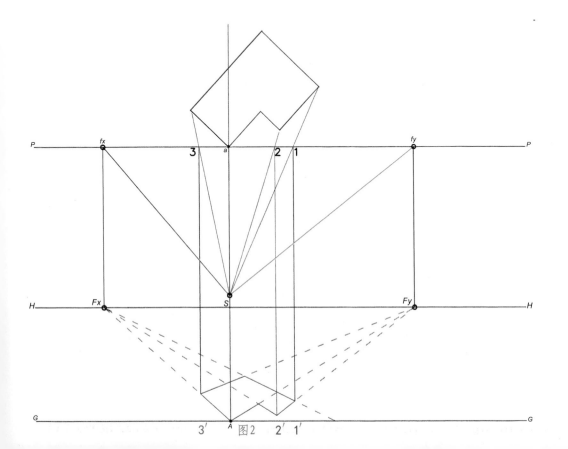

图2

做法

1. 将 $P—P$ 置于水平位置画在图纸上方，并按照图纸所示画出建筑平面图及站点 S, 求出 f_x 和 f_y。

2. 在图纸下方适当位置定出基线 $G—G$, 在 $G—G$ 上对应位置定出 A; 根据视高 h 画出 $H—H$, 并确定灭点 F_x 和 F_y。

3. 连 AF_x 和 AF_y, 得到建筑形体两主向的透视方向。

4. 通过平面图上的各个角点的视线的水平投影与基线的交点 1、2、3···，作投影连接线，即可在 $G—G$ 线上对应得到 $1'$、$2'$、$3'$···

5. 依次连接 $1'F_x$、$2'F_x$、$3'F_y$···，相交得到建筑平面图的透视。

透视眼力训练方法

行透视

　　右图1所示主要告诉我们徒手绘制手绘效果图的训练方法。所谓徒手绘制，就是不用借助尺子等绘图辅助工具，通过眼力训练就可以把握住空间透视准确度，准确绘制出空间手绘效果图。

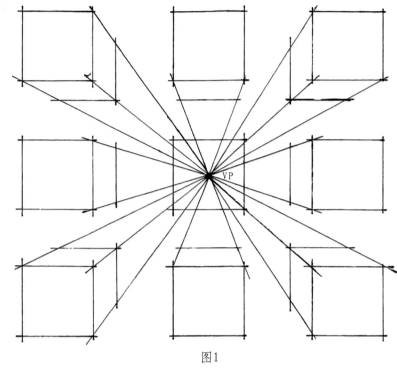

图1

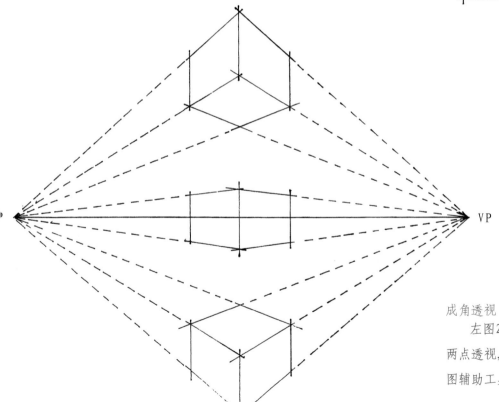

图2

成角透视

　　左图2所示为成角透视眼力训练方法。成角透视有两个灭点，也称两点透视，两个灭点均在同一视平线上，训练过程中不得借助尺子等绘图辅助工具，绘制方盒体透视消失线或点均准确对准灭点。

02 单体表现

Individual Performance

Shi Shangjiang Hand-painted Performance1

植物盆栽

平时多收集，多注意练习，用心刻画，为精彩的空间设计打下基础。

设计师就是生活空间的演绎家，因此善于体验自然界美妙的空间场景，感受大自然微妙变化赋予我们的灵动，并抓住它、收纳它、概括它、应用它……

植物的表现，注意物象特征的差异化，用心刻画细节，线稿表现注意线型、用笔的细腻；在色彩方面，注意色彩选择、搭配的和谐，勾画过程中色彩要透析、清澈。

灯饰软配

灯饰是设计师在设计过程中不可或缺的元素，因此注意搜集、概括、描绘并多做练习是必须的，目的就是为了顺应设计空间的需要。在练习过程中，需要用心观察不同灯饰的个性特征，注意表现技法的差异化。

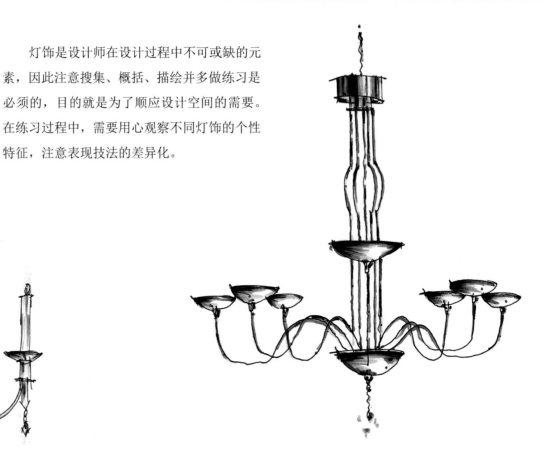

作为设计师，应注意搜集配饰资料，观察日常生活中的细节，以设计师的世界观概括、收纳物象，用简练、舒畅的线条把物象描绘出来，呈现在大众眼前，为之后学习所用。

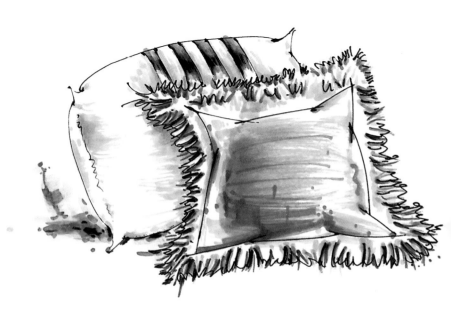

椅子沙发

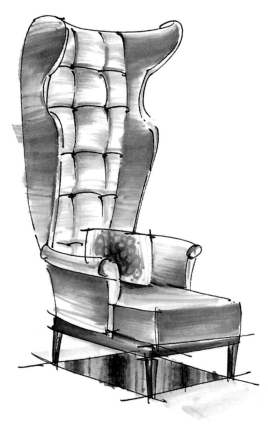

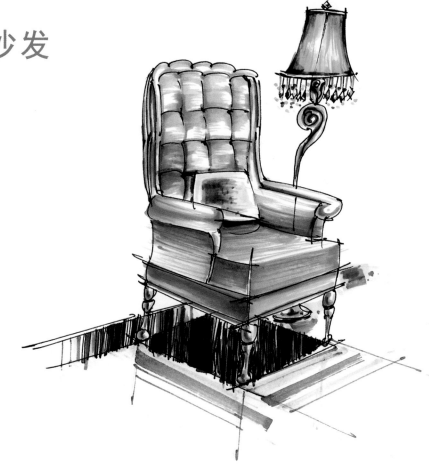

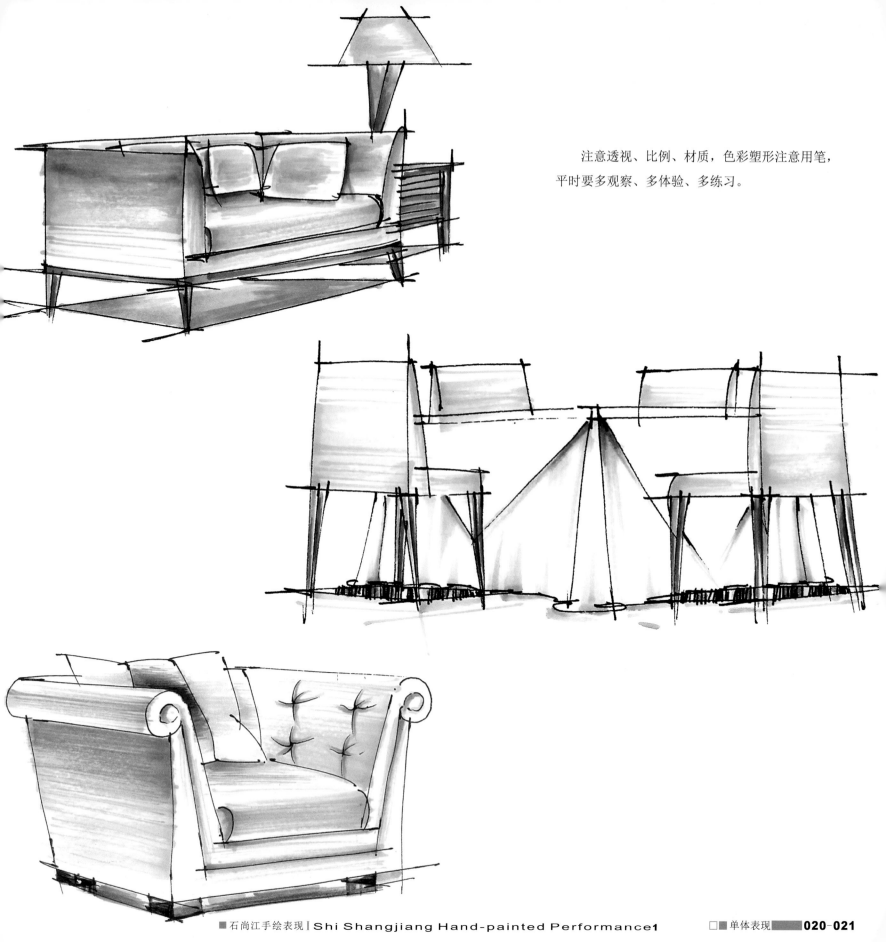

注意透视、比例、材质，色彩塑形注意用笔，
平时要多观察、多体验、多练习。

家私组合

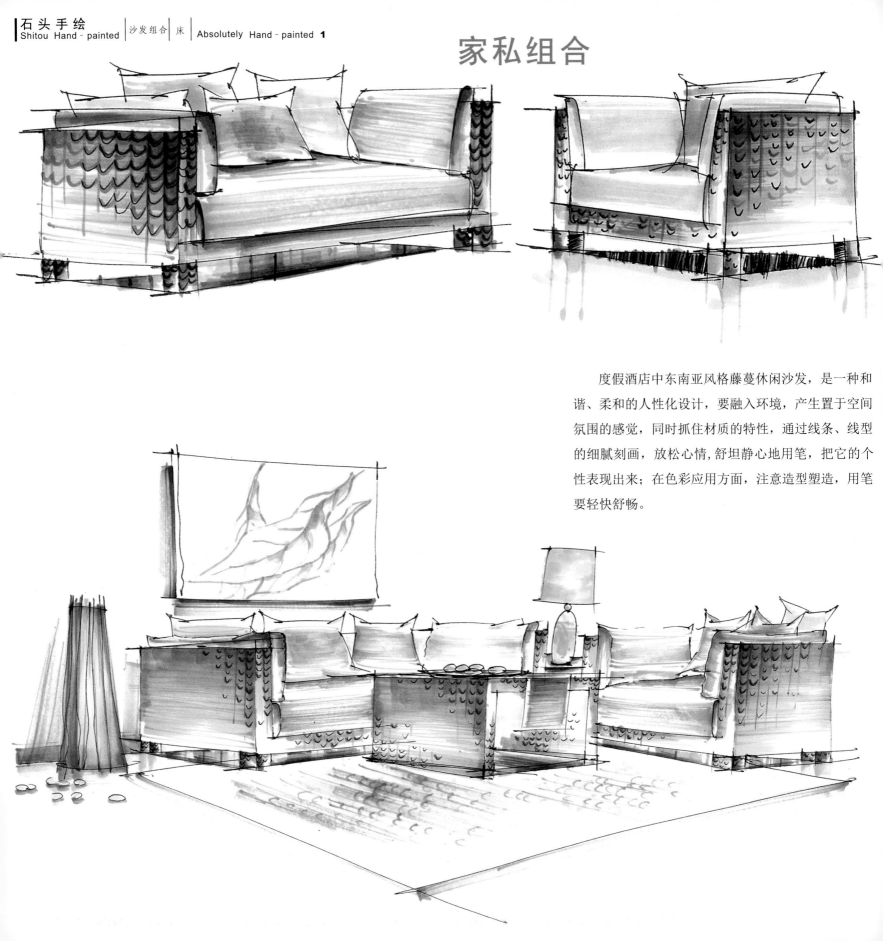

度假酒店中东南亚风格藤蔓休闲沙发，是一种和谐、柔和的人性化设计，要融入环境，产生置于空间氛围的感觉，同时抓住材质的特性，通过线条、线型的细腻刻画，放松心情，舒坦静心地用笔，把它的个性表现出来；在色彩应用方面，注意造型塑造，用笔要轻快舒畅。

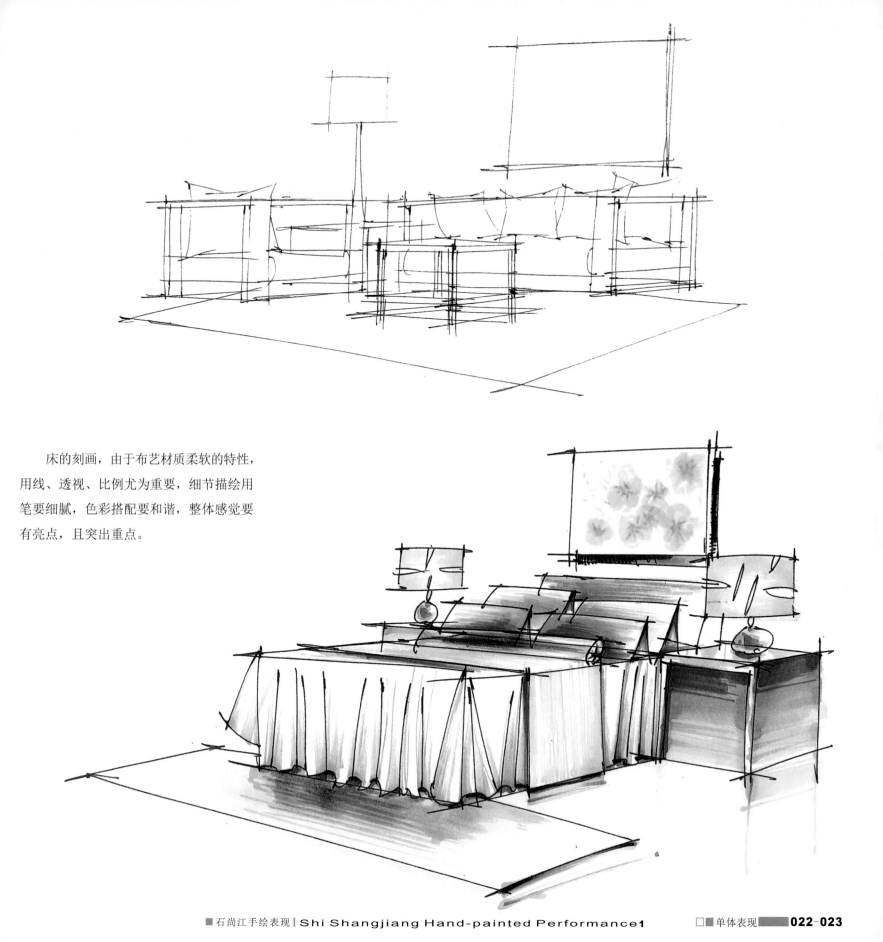

床的刻画，由于布艺材质柔软的特性，用线、透视、比例尤为重要，细节描绘用笔要细腻，色彩搭配要和谐，整体感觉要有亮点，且突出重点。

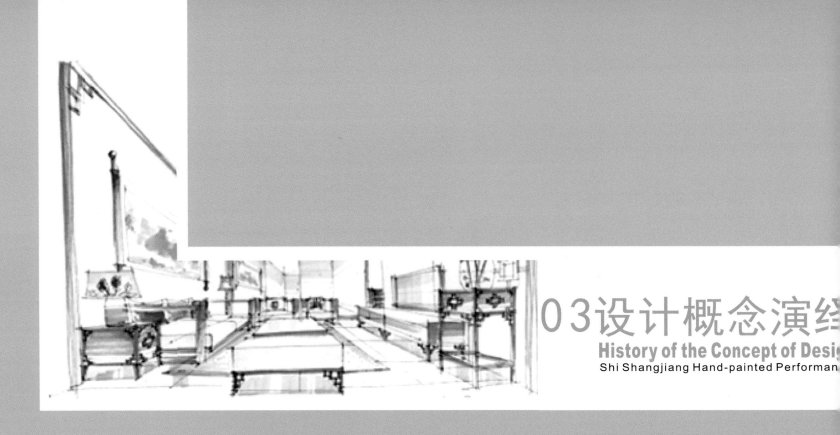

03设计概念演绎

History of the Concept of Design
Shi Shangjiang Hand-painted Performan

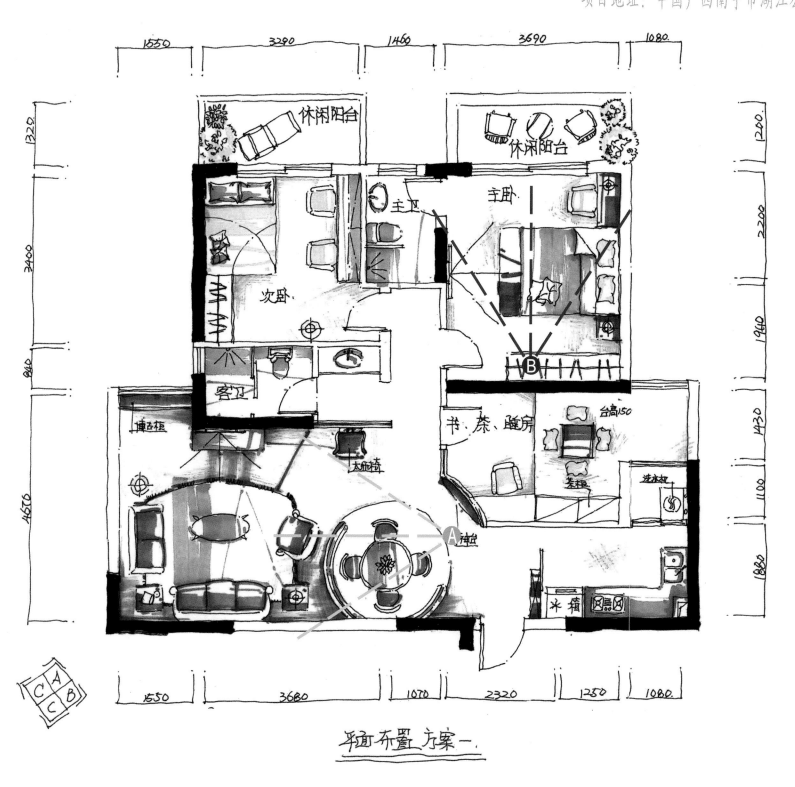

休闲阳台

休闲阳台

主卧

主卫

次卧

客卫

博古柜

太师椅

书、茶、睡房

台高150

茶柜

洗衣机

A 神宜

B

米缸

平面布置 方案一

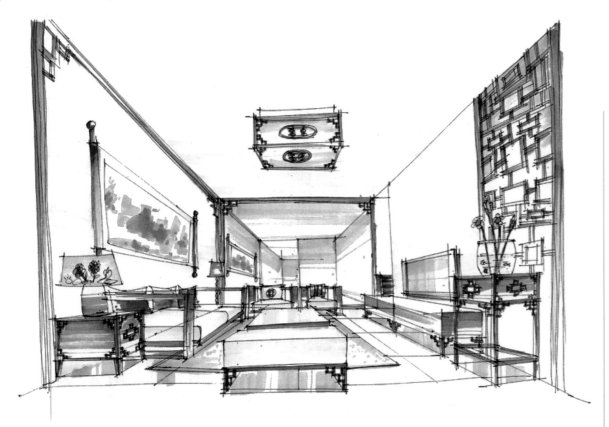

A 视点

　　清新雅致中国风，轻描淡写中国情，简练的线条、清雅的色调演绎现代三室两厅家居空间——客厅。

B 视点

　　明快的线条，画龙点睛般色彩的点缀，演绎现代家居软配空间——卧室。

沙发背景墙装饰立面
1:30

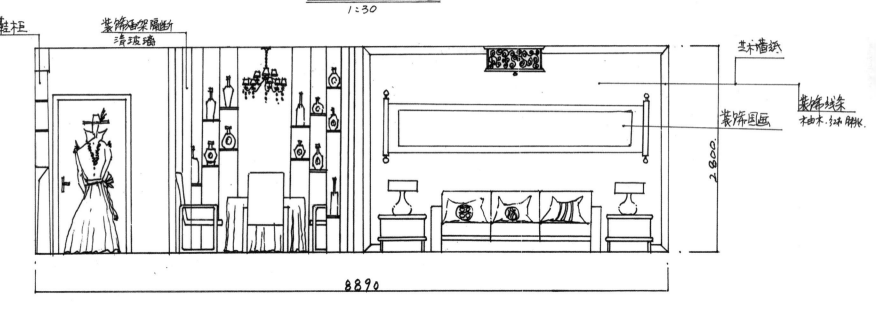

鞋柜

装饰酒架隔断
清玻璃

艺术墙纸

装饰线条
柚木·红木相水.

装饰国画

8890

客厅主题墙立面—沙发背景墙

明快的线条、轻描淡写的色彩，比例、尺度、参数、标注
科学阐述现代家居空间客厅主题墙立面——沙发墙立面。

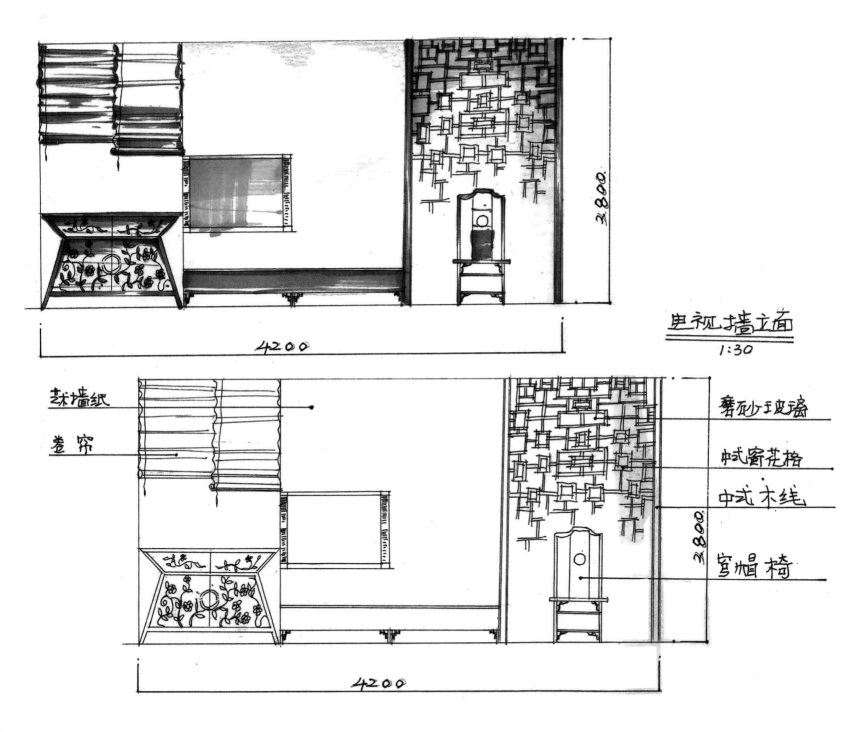

电视墙立面
1:30

苏墙纸
卷帘

磨砂玻璃

栻窗花格

中式木线

穿帽椅

客厅主题墙立面——电视背景墙

明快的线条、画龙点睛般色彩的点缀，比例、尺度、参数、标注
演绎现代家居空间客厅主题墙立面——电视墙立面。

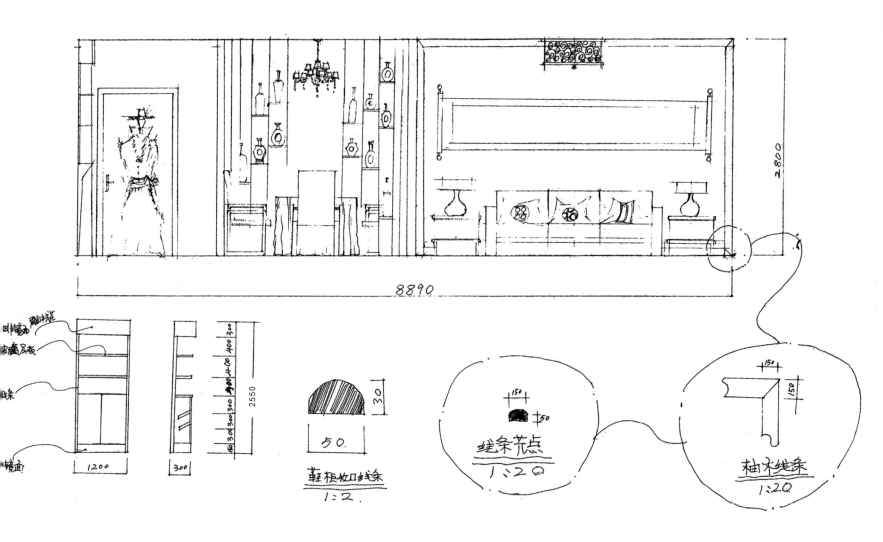

8890

2800

2550

400 300 300 400 +·00 400 300 300

1200

300

50.

30

鞋柜收口线条
1:2

150
十50
线条芸点
1:20

150
150
柚木线条
1:20

沙发背景墙节点大样图、鞋柜剖面图

比例、尺度、参数、标注科学阐述现代家居空间客厅主题墙
立面——沙发背景墙装饰线条节点大样图，入户鞋柜立面、剖面图。

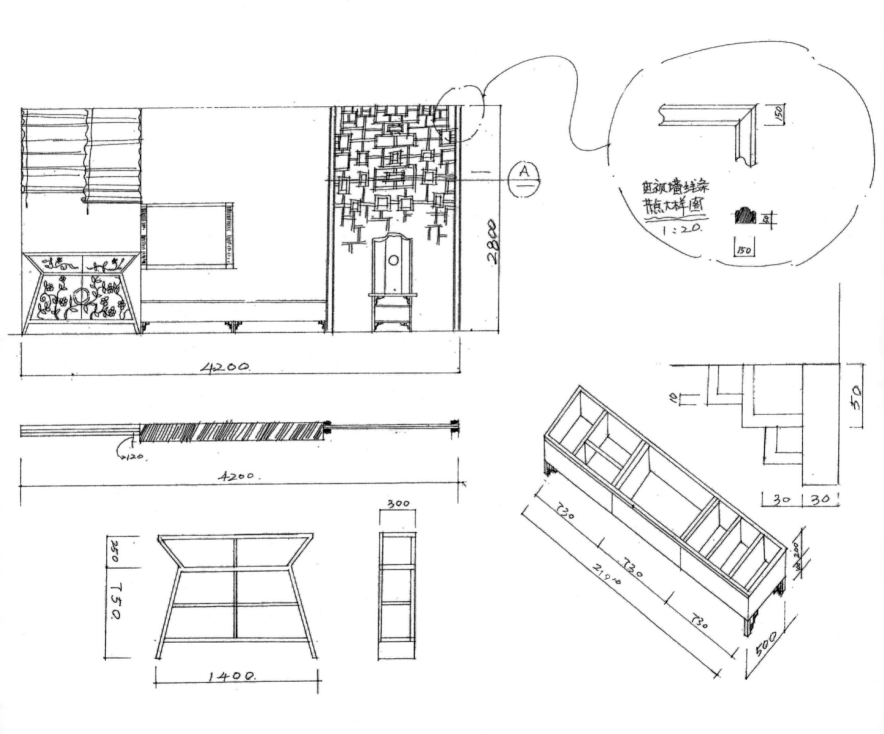

电视墙线条
节点大样图
1：20.

A

2800

4200.

4200.

120

300

250

750

1400.

50

10

30 | 30

730

730

730

2190

200

500

电视背景墙节点大样图、装饰柜剖面、鞋柜轴测图

比例、尺度、参数、标注科学阐述现代家居空间客厅主题墙立面——电视
背景墙装饰线条节点大样图，装饰柜剖面、鞋柜轴测图。

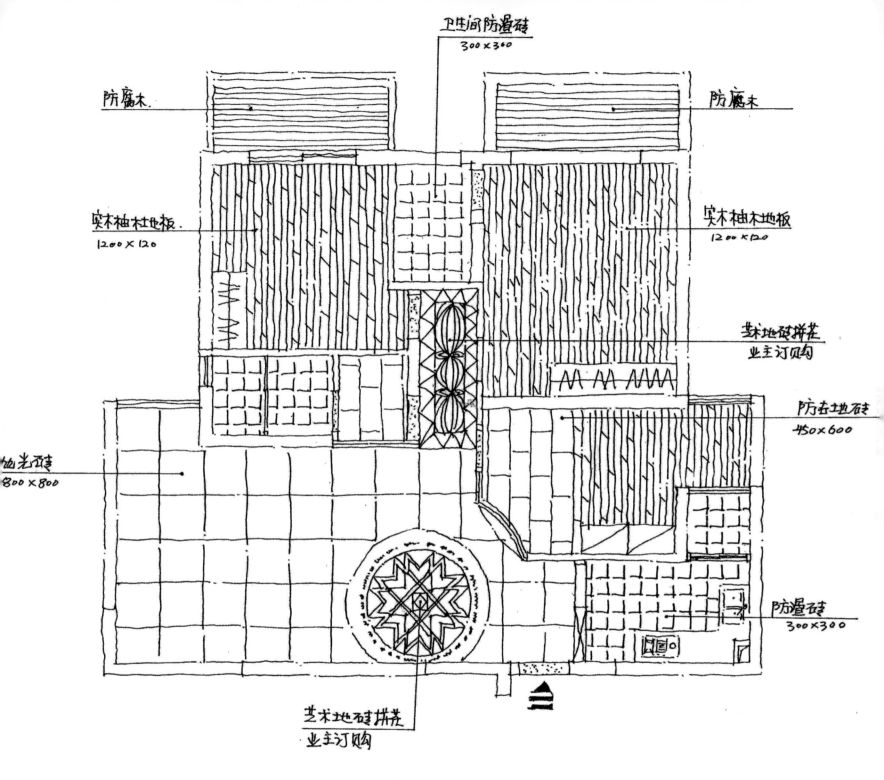

卫生间防滑砖
300×360

防腐木

防腐木

实木柚木地板
1200×120

实木柚木地板
1200×120

艺术地砖拼花
业主订购

防古地砖
450×600

抛光砖
800×800

防滑砖
300×300

艺术地砖拼花
业主订购

家居空间地面拼花图

比例、尺度、参数、标注科学阐述现代家居空间地面拼花
图——地砖铺贴、木地板铺设、局部地面拼花点缀。

倾述

　　本方案以甲方的功能需求为出发点，结合甲方个性的生活方式把欧式装饰风格融入其中，用现代装饰材料对巴洛克、洛可可进行全新诠释，摒弃法国18世纪巴洛克、洛可可的复杂、烦琐，又不失巴洛克、洛可可原有的浪漫、尊贵、地位，使整个空间既现代、清新、爽朗，又使繁忙的都市人得到放松。结合户外绿化，使人仿佛置身于大自然的怀抱中，倾于贵妃椅上，合上疲惫的双眼，放开身心倾听着这空间与大自然交织的交响乐。

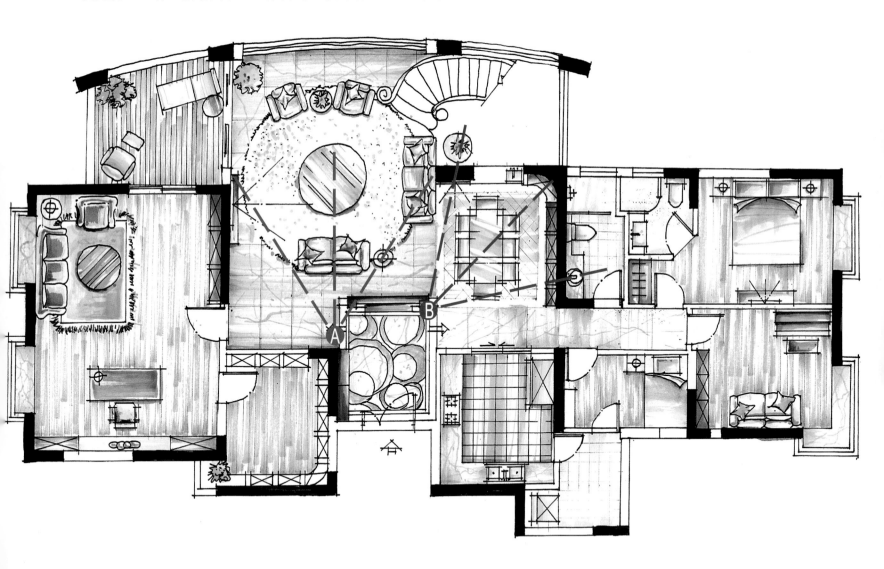

一层平面布置图

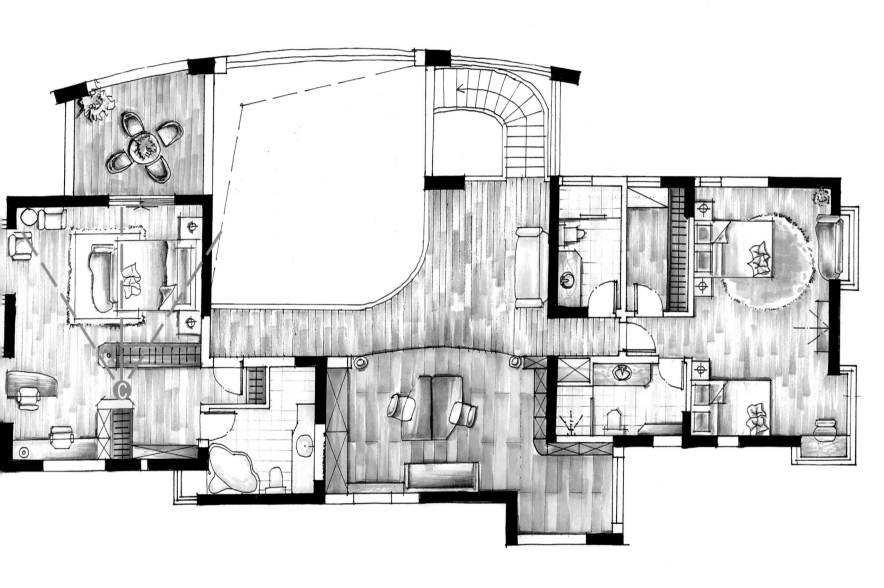

二层平面布置图

A 视点

　　用绘图工具勾画出来的复式空间明快、简练，交代了空间设计内容，注意细节刻画，以点缀重点部分和烘托风格氛围。

　　细节图像交代了空间设计软装配饰的材质、灯光，不锈钢的冷峻、反光，经过提炼的欧式灯饰，光感柔和、贴近人性、关怀人性。

B 视点

　　用绘图工具勾画餐厅空间重点，明快、简练点出空间硬装部分，交代了空间材质内容以及配饰、镜面灯饰风格特点。

C 视点

　　方案设计阶段的手稿有多种形式，本案徒手结合直尺，目的就是将精准与随意融合，把空间的硬朗和柔和勾画出来，体现人性生活刚柔相济、万物世界两级既对立又统一的观念。

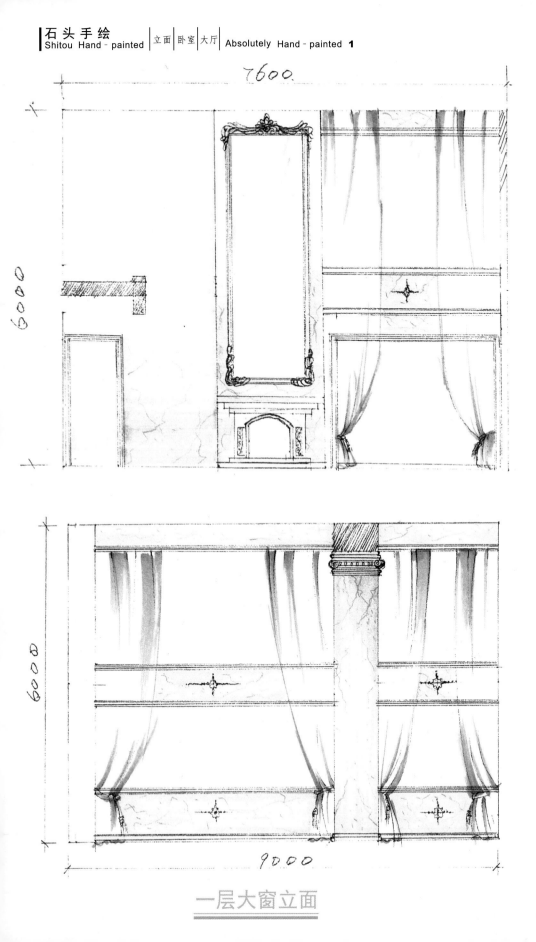

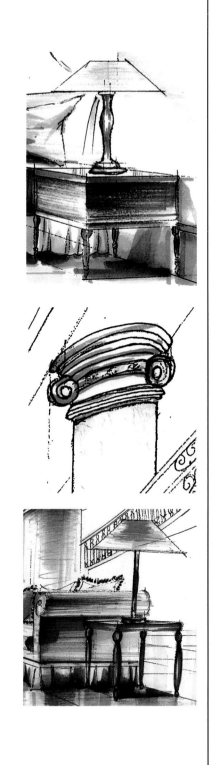

一层大窗立面

C 视点

　　方案2新古典主义卧室空间, 从帐帘、床上用品等软装配饰的细节刻画, 清雅、惬意的风格氛围已经渲染出来了, 有一丝浪漫感缠绕着。

A 视点

　　方案2新古典主义风格空间装饰的差异化主要体现在以实木为主, 因此在表现空间氛围上出现了色调的变化, 当然没有失去大气的空间感, 表现的是另外一种空间风格——尊贵、华丽。

倾述

　　本方案为中式风格,应用高端木材——红木作为装饰,强调中式的含蓄,融现代设计理念于其中,简约、块面、适当的点缀,提升文化韵味,赋予空间精神。

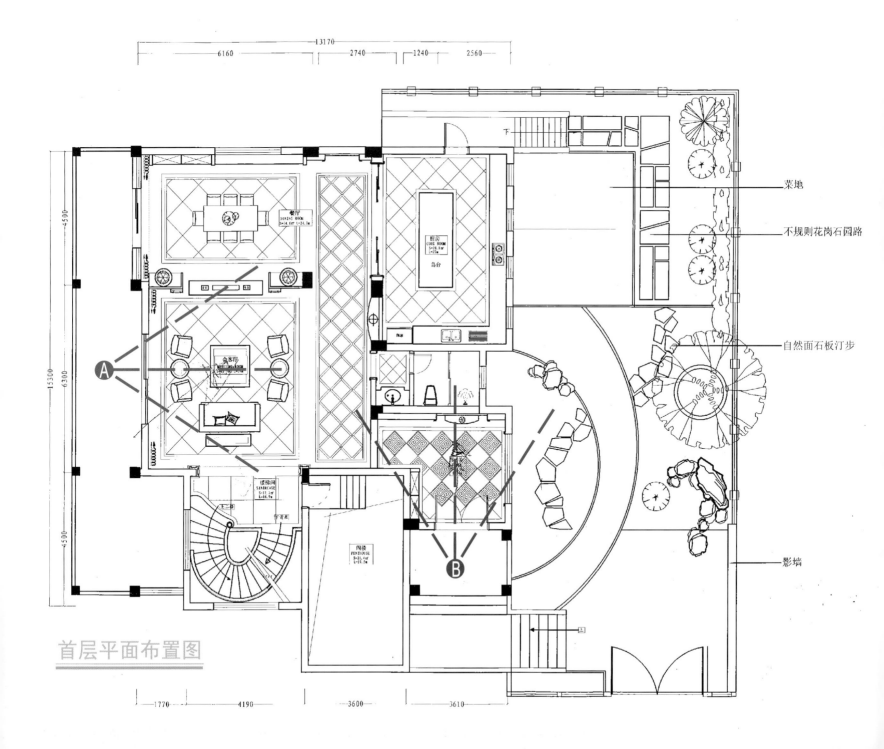

菜地

不规则花岗石园路

自然面石板汀步

影墙

首层平面布置图

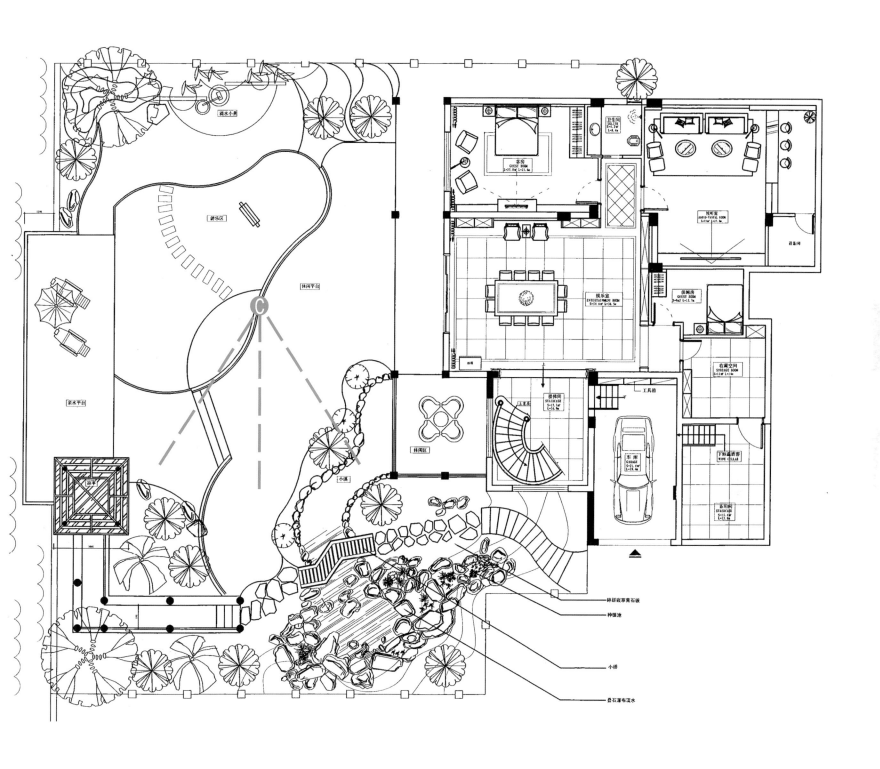

别墅后花园规划平面图

A 视点

　　空间表现借助尺子，线条简练、果断，适当的色彩重点点缀，把中式情怀表露出来，结合中式家具、软装配饰，勾画文化韵味，赋予空间精神。

● 视点

　　入户地板为古朴的亚光
砖，天花为蝙蝠——招财
宝、出入平安的寓意，
予入户空间平和安详、
人团圆、事业腾飞、文
浓郁的韵味。

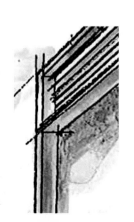

Ⓒ 视点

别墅后花园亭台楼阁中式设计
元素，古朴的做旧地板砖，柳树、
假石山、流水，清风微微吹拂，休
闲、雅情。

别墅后花园方案二

C 视点

　　方案二亭台连廊更为简洁，融入亚热带设计元素，
水帘落水景观，奇石层峦叠嶂于水岸边，起伏不一，
景观绿化疏密有致，音符般营造奇山异水。

■案例四　　餐饮空间方案设计表现
项目地址：中国广西南宁市南宁肥
仔餐饮空间

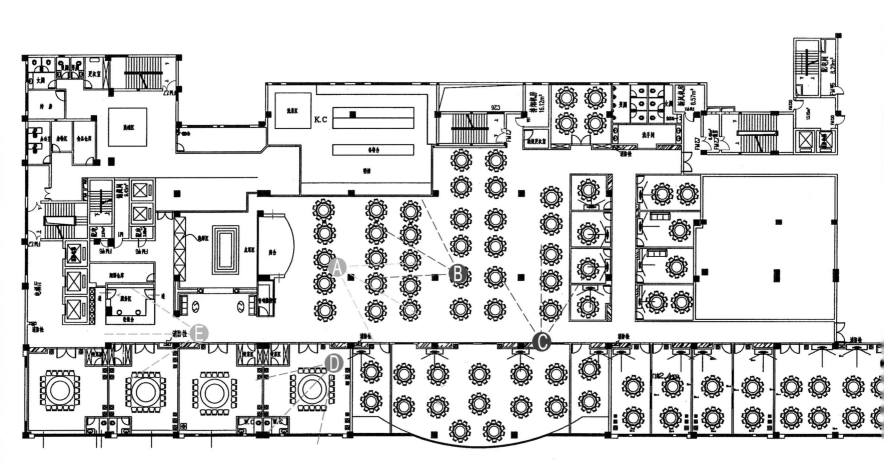

南宁肥仔餐饮空间平面布置图

A 视点

咖啡镜、金箔、中式和欧式软配交织，敞开心扉，

清新、舒畅、荡漾心情倾述现代中欧混搭宴会空间。

Ⓑ 视点

　　清镜、祥云、暖色泛光灯带，透明厨房空间与
宴会空间渗透，明快、舒畅中饱赏厨艺，热闹、欢
快中尽享美餐。

欧式抽象画、明快的圆柱形筒灯吊顶，错落有致，有节奏、有韵律地演绎宴会厅一角。

D 视点

　　欧式吊帘、国画山水画、欧式水晶吊灯、欧式椅子，
线条、比例、透视倾述现代宴会高端包间氛围。

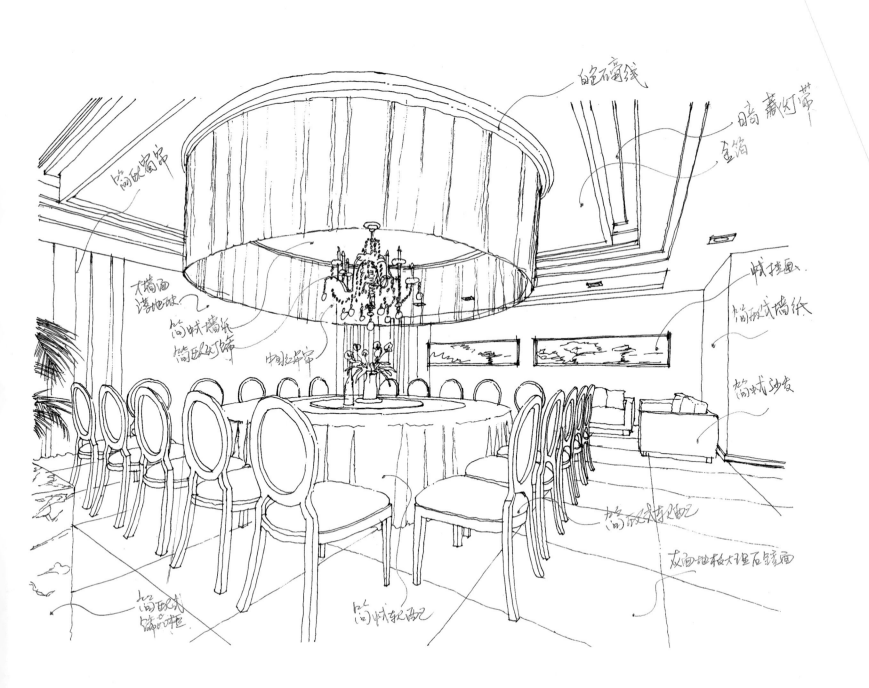

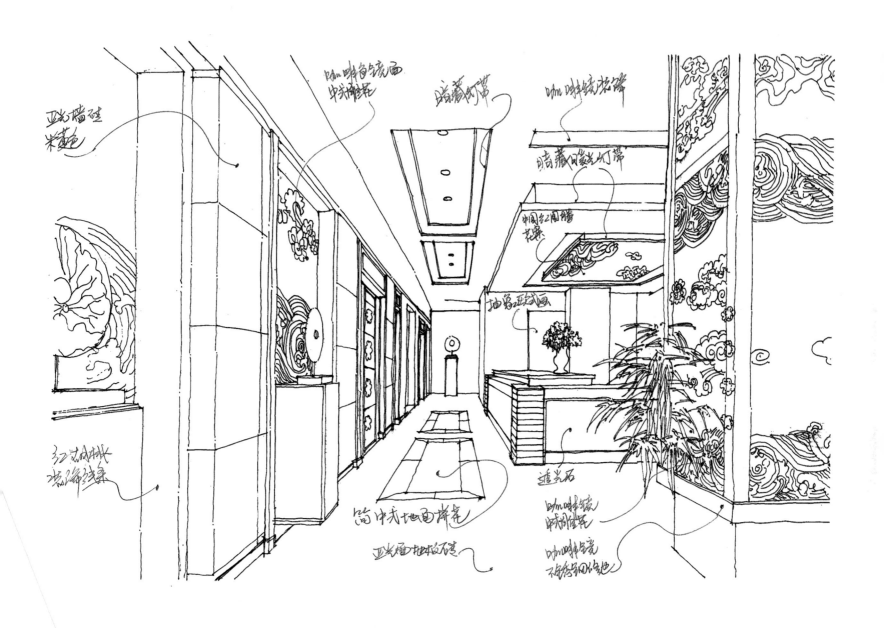

E 视点

　　镜面大理石（灰蓝）、咖啡镜、祥云、欧
式地板拼花、欧式软配演绎现代混搭过道空间。

■案例五　　酒店套房空间设计表现
项目地址: 中国广东深圳市

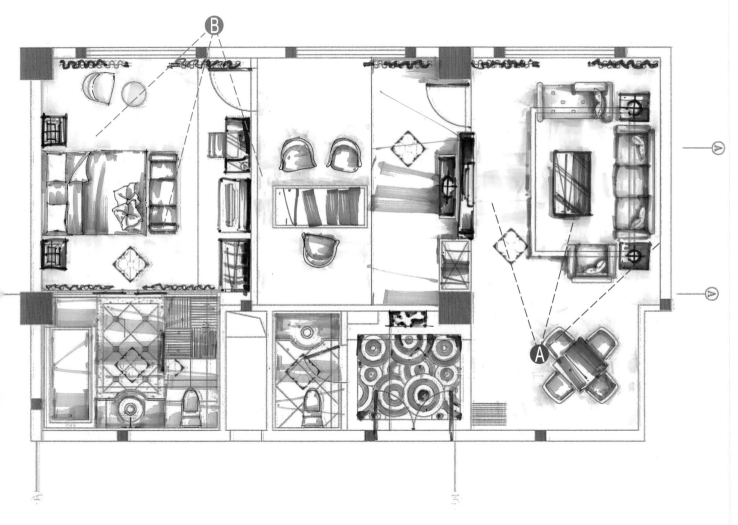

酒店套房空间平面布置图

A 视点

　　浓郁民族风、镜面、皮革、浓郁的色彩，

交织演绎现代酒店豪华套房——会客厅。

B 视点

　　浓郁民族风、镜面、皮革、轻描淡写的色彩，
交织演绎现代酒店豪华套房——主卧室。

酒店会客厅C墙立面图

酒店会客厅A墙立面图

比例、尺度、参数、标注科学阐述酒店会客厅立面施工图。

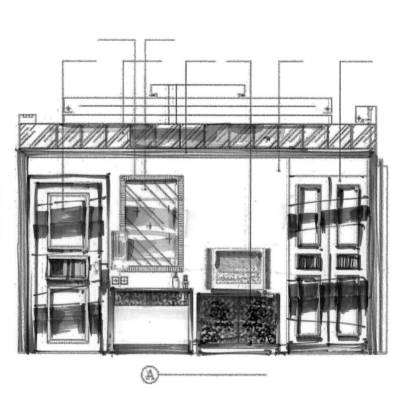

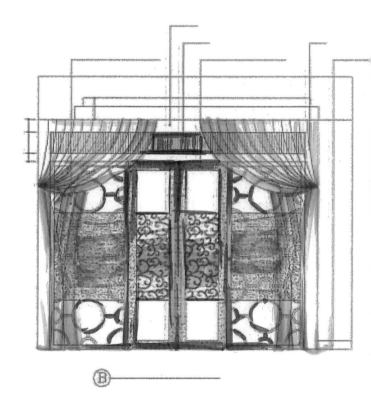

酒店客房A、B墙立面图

　　比例、尺度、参数、标注科学阐述酒店客房电视墙、卫浴推拉门立面施工图。

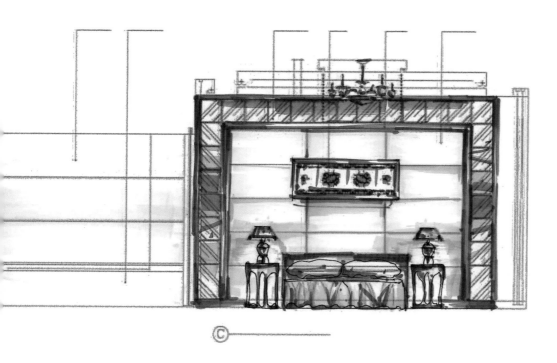
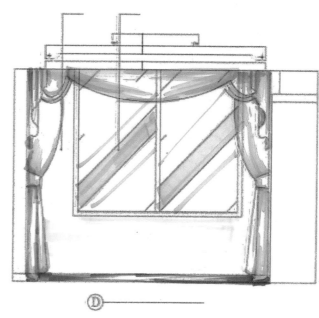

酒店客房C、D墙立面图

比例、尺度、参数、标注科学阐述酒
店客房卧室背景墙立面、窗立面施工图。

■案例六　　酒店大堂空间设计表现
项目地址：中国深圳市

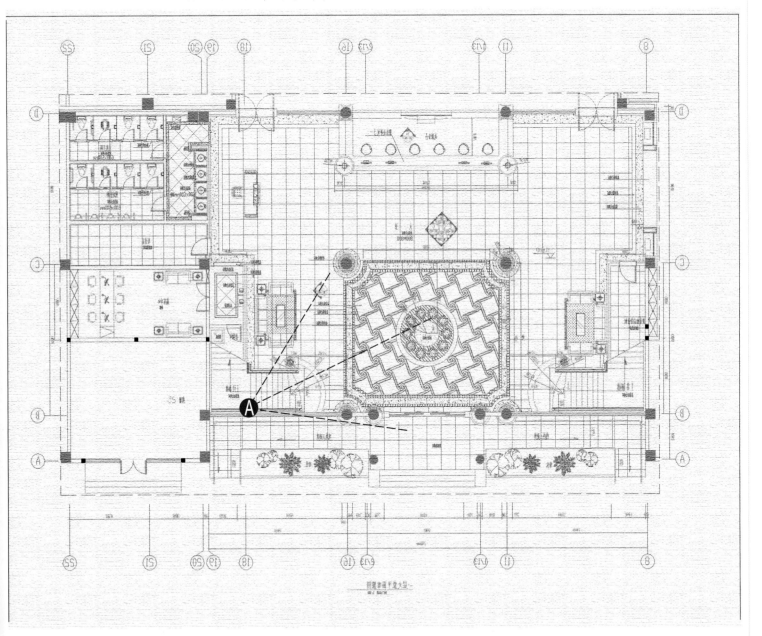

酒店大堂空间平面布置图

Ⓐ 视点

    融浓郁民族风于大堂空间，注意细节点缀，
地域性色彩以现代装饰手法进行空间渲染，民族
气息感、现代感强烈，演绎酒店大堂空间。

■案例七　　酒店宴会厅空间设计表现

项目地址：中国广西

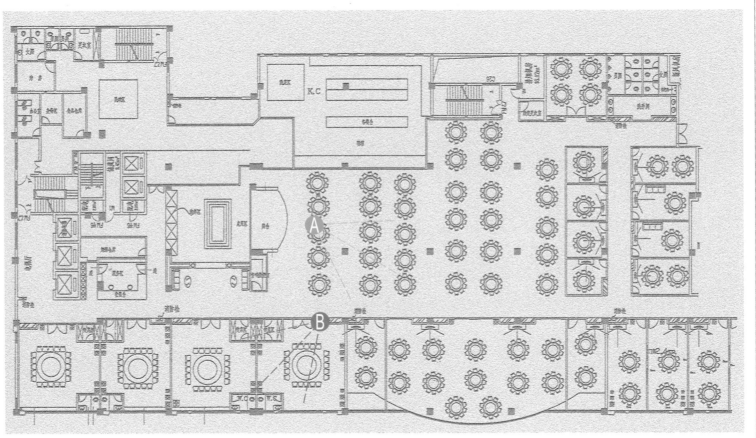

酒店宴会厅空间平面布置图

A 视点

　　欧式纹理吊顶、欧式水晶吊灯、欧式餐具配饰、中国红大宅门、中式窗花格、
梅花装饰柱、暖色泛光灯带，透视、比例、线条、细节，热情、欢快、愉悦鉴品
餐饮氛围，形成现代混搭宴会空间，盛情演绎婚宴盛会。

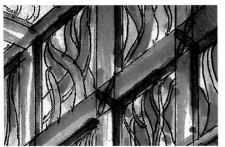

Ⓑ 视点

　　《毛主席语录》挂画、中式窗花格、浅黄色有机玻璃吊帘、透光膜、欧式水晶吊灯、中国红桌布、欧式椅子、波浪纹理灰色镜面大理石地板，倾情演绎现代宴会空间——豪华包房。

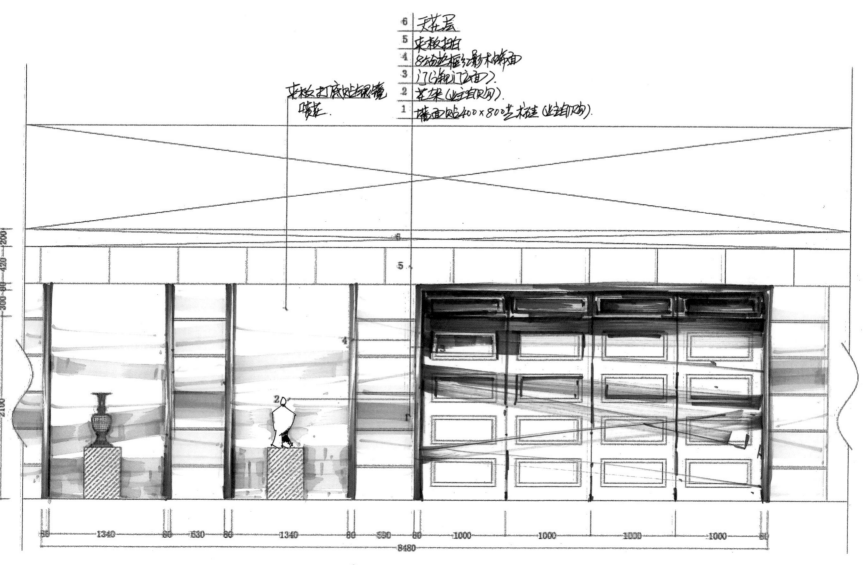

6 天花层
5 束板扫拍
4 8公分框红影木饰面
（门框和门立面）
3 束板打底贴银镜喷花
2 茶架（业主供应）
1 墙面贴400×800生态石（业主供应）

大厅立面图（墙面）1:30.

酒店宴会厅4/N墙立面图

比例、尺度、参数、标注科学阐述

酒店宴会厅4/N墙立面施工图。

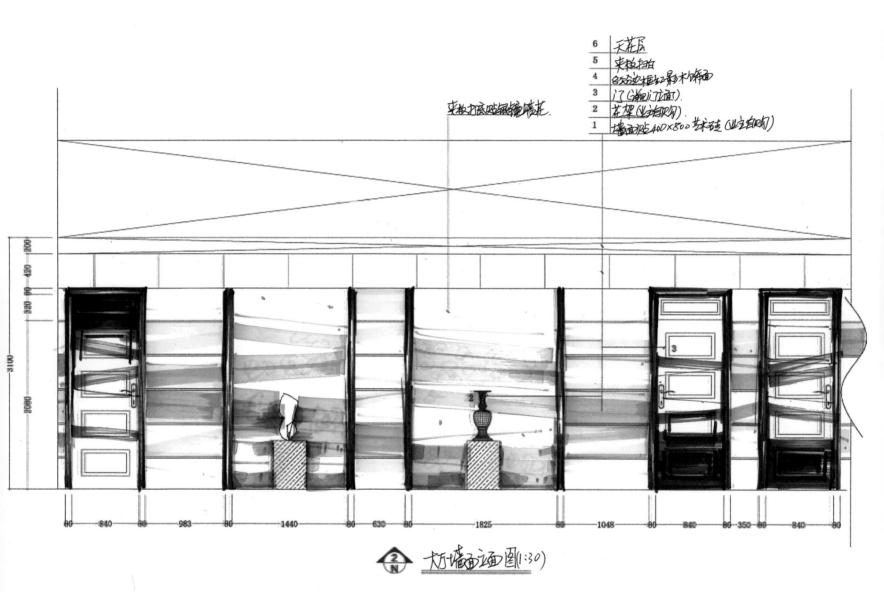

6	天花层
5	夹板扫白
4	80宽边框红影木饰面
3	门(详细门立面)
2	花架(业主自购)
1	墙面贴400×800艺术砖(业主自购)

夹板打底贴银镜喷花.

大厅墙面立面图(1:30)

酒店宴会厅2/N墙立面图

比例、尺度、参数、标注科学阐述
酒店宴会厅2/N墙立面施工图。

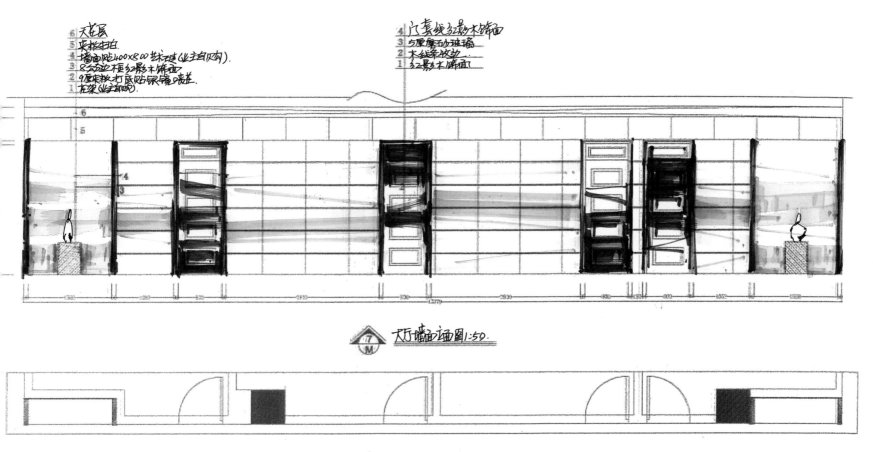

天花层
平板灯白
墙面贴400x800抛光砖(业主自购).
8公分边框红影木饰面
9厘米板打底贴银镜玻璃.
龙架(业主自购).

门套线红影木饰面
5厘磨石砂玻璃
木线条收边
红影木饰面

大厅墙面立面图1:50.

大厅墙面平立面详1:50.

酒店宴会厅7/M墙立面图

比例、尺度、参数、标注科学阐述

酒店宴会厅7/M墙立面施工图。

04案例解析
Case Analysis
Shi Shangjiang Hand-painted Performance1

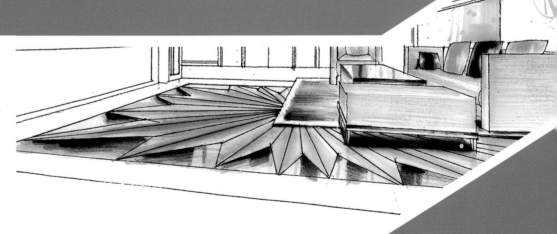

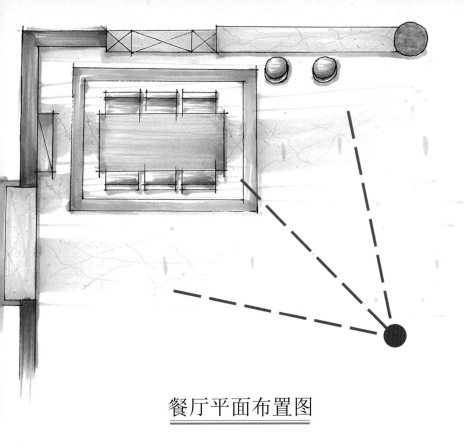

步骤 1

　　着手表现空间时，首先要从表现空间的丰富性考虑，锁定一个能够最大限度体现空间物象的角度。本空间选择两点透视, 视点放高, 能够表达它的丰富性，用简练、明了、舒畅的线条先把餐桌组合勾画出来，注意透视、比例关系。

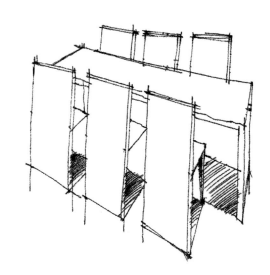

餐厅平面布置图

步骤 2

　　参照餐桌组合，把墙面的线条勾画出来，注意与餐桌组合的关系，协调好它们的透视、比例关系。

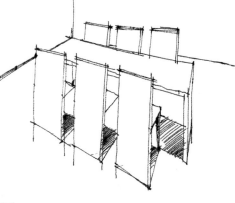

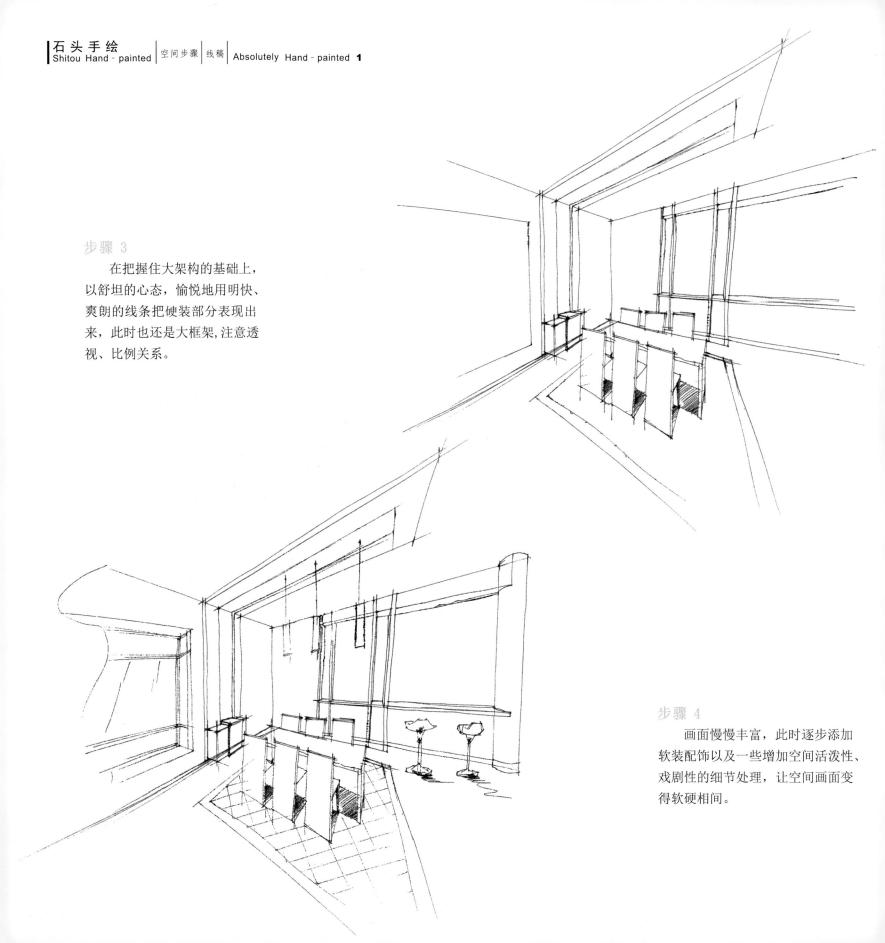

步骤 3

　　在把握住大架构的基础上，以舒坦的心态，愉悦地用明快、爽朗的线条把硬装部分表现出来，此时也还是大框架，注意透视、比例关系。

步骤 4

　　画面慢慢丰富，此时逐步添加软装配饰以及一些增加空间活泼性、戏剧性的细节处理，让空间画面变得软硬相间。

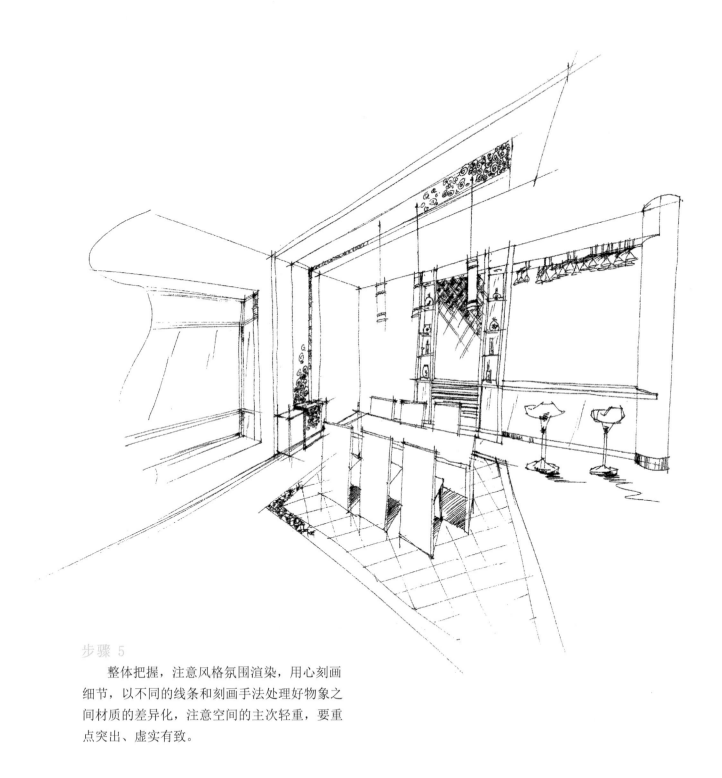

步骤 5

　　整体把握，注意风格氛围渲染，用心刻画
细节，以不同的线条和刻画手法处理好物象之
间材质的差异化，注意空间的主次轻重，要重
点突出、虚实有致。

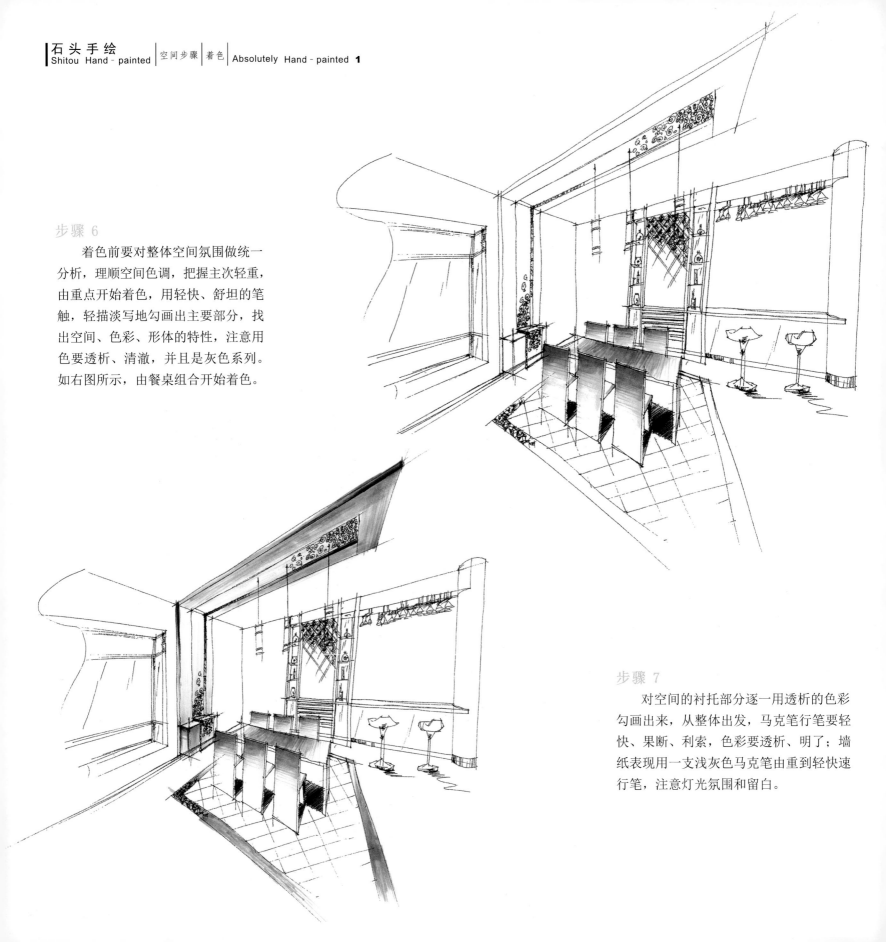

步骤 6

　　着色前要对整体空间氛围做统一分析，理顺空间色调，把握主次轻重，由重点开始着色，用轻快、舒坦的笔触，轻描淡写地勾画出主要部分，找出空间、色彩、形体的特性，注意用色要透析、清澈，并且是灰色系列。如右图所示，由餐桌组合开始着色。

步骤 7

　　对空间的衬托部分逐一用透析的色彩勾画出来，从整体出发，马克笔行笔要轻快、果断、利索，色彩要透析、明了；墙纸表现用一支浅灰色马克笔由重到轻快速行笔，注意灯光氛围和留白。

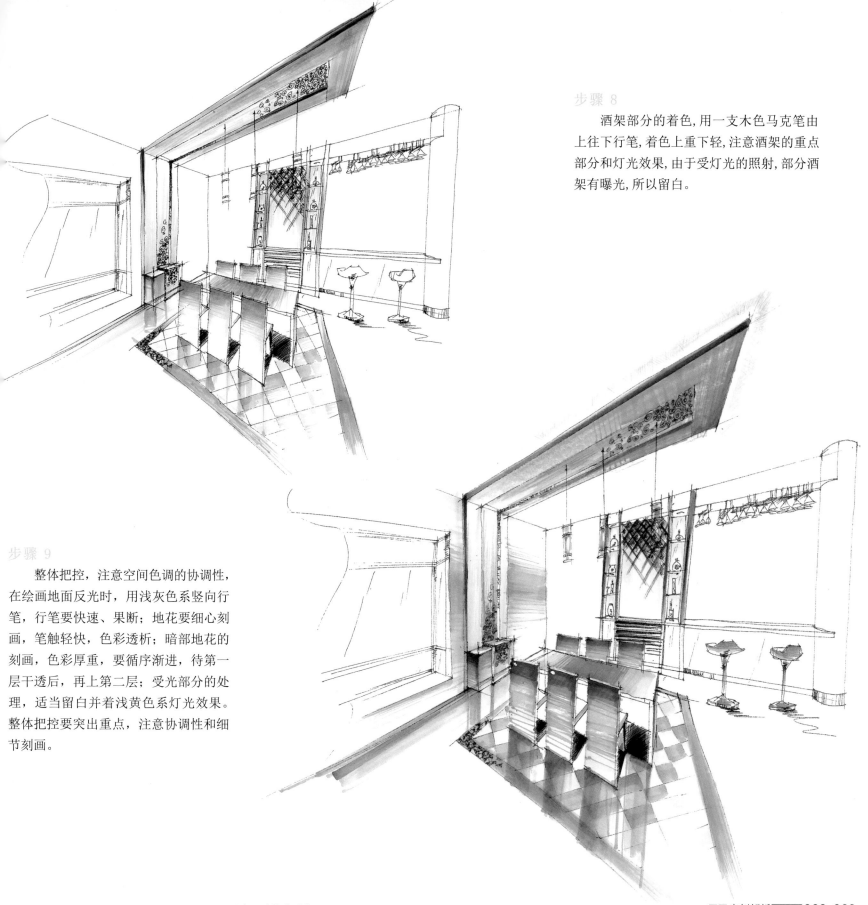

酒架部分的着色,用一支木色马克笔由上往下行笔,着色上重下轻,注意酒架的重点部分和灯光效果,由于受灯光的照射,部分酒架有曝光,所以留白。

步骤 9

整体把控,注意空间色调的协调性,在绘画地面反光时,用浅灰色系竖向行笔,行笔要快速、果断;地花要细心刻画,笔触轻快,色彩透析;暗部地花的刻画,色彩厚重,要循序渐进,待第一层干透后,再上第二层;受光部分的处理,适当留白并着浅黄色系灯光效果。整体把控要突出重点,注意协调性和细节刻画。

■ 案例二　酒店包房空间表现步骤解析
项目地址：中国广东深圳市

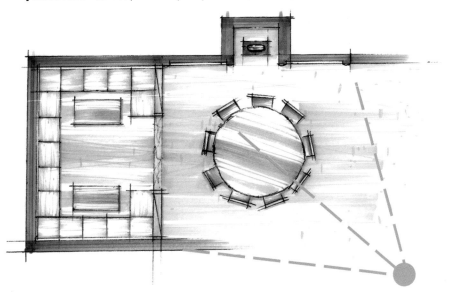

酒店包房空间平面布置图

步骤 1

　　放松身心, 用流畅的线条把上图餐桌组合、灯饰勾画出来, 注意透视、比例关系。

步骤 2

　　紧接着集中注意力勾画左图, 参照餐桌组合, 锁定构图位置, 控制比例、透视关系, 注意线型应用、线条组合以及画面虚实关系。

步骤 3

　　整体把控, 由大到小, 注意细节刻画,
把风格意向、软装配饰定位勾画出来, 分
清空间主次轻重、远近关系, 突出主题;
细节刻画, 如地毯纹案, 在描绘过程中用
线轻快洒脱, 抓住物象特征与画面的构图
美感关系。

步骤 4

　　在确定好空间色调的前提下，从重点着手，用浅色系马克笔给餐桌组合着色，表现餐桌布纹由下而上行笔，以布纹的流动性和暗部为导向，行笔轻快、果断，着色清晰、透明；餐椅着色横向行笔，起笔、收笔控制稳当，抓住造型、阴影变化，注意虚实处理。

步骤 5

　　结合餐桌组合，把陪衬部分的墙体装饰用灰色系马克笔由上而下行笔，由于材质为黑色不锈钢，色彩冷静、有反光，所以行笔干练；黄色花纹表现要注意虚实、光影变化和留白。

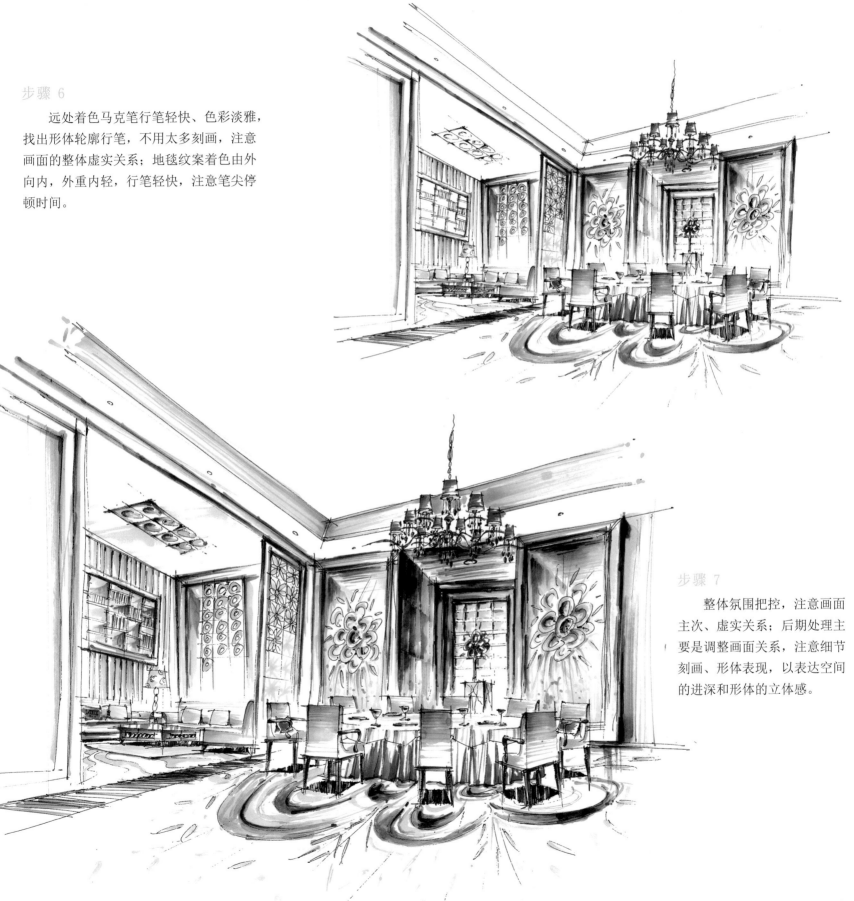

步骤 6

　　远处着色马克笔行笔轻快、色彩淡雅，找出形体轮廓行笔，不用太多刻画，注意画面的整体虚实关系；地毯纹案着色由外向内，外重内轻，行笔轻快，注意笔尖停顿时间。

步骤 7

　　整体氛围把控，注意画面主次、虚实关系；后期处理主要是调整画面关系，注意细节刻画、形体表现，以表达空间的进深和形体的立体感。

■案例三　酒店宴会空间表现步骤解析
项目地址: 中国广东深圳市

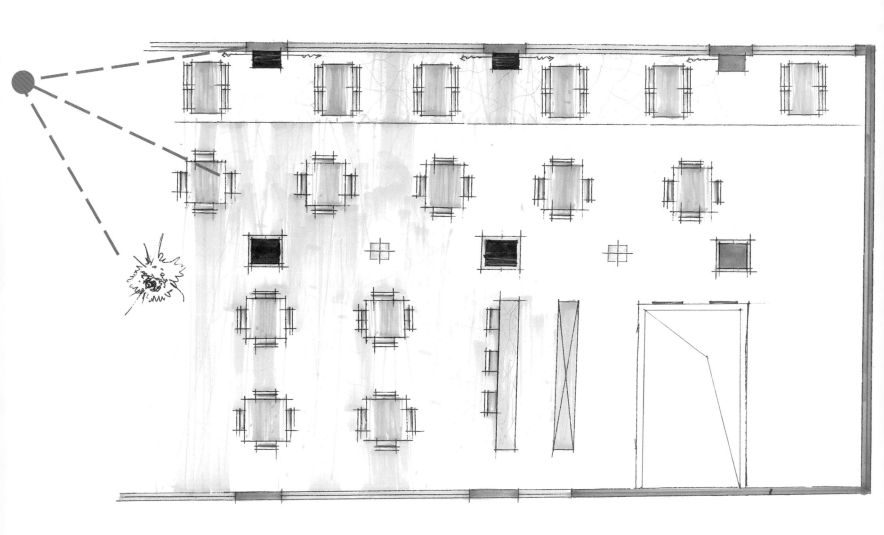

酒店宴会厅平面布置图

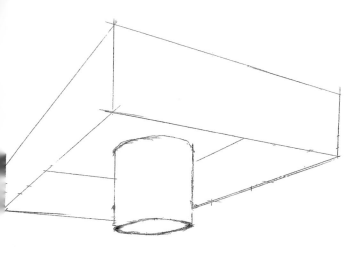

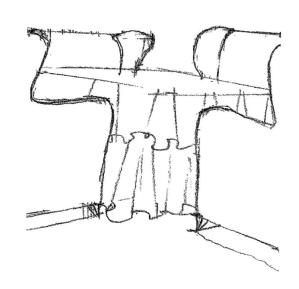

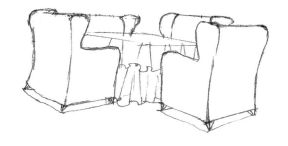

步骤 1

　　由简入繁，先从空间的最显眼物象入手，锁定角度和确定视平线位置，在着手表现物象的过程中，注意它们的整体感，包括透视、比例关系以及用线表达问题。

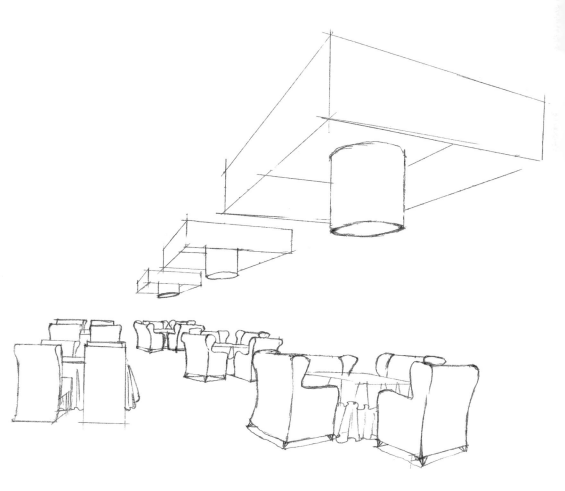

步骤 2

　　以第一物象为参照，锁定灭点，注意画面的整体感，控制透视、比例关系，逐一画出其他物象。这个时候还是大架构，注意形体塑造。

步骤 3

　　加柱子和右边餐桌组合，注意整休感、各物象位置关系以及透视、比例关系，细节刻画注意餐桌布纹自然的波浪起伏以及布艺的柔顺表达。

步骤 4

　　逐步开始细节刻画，在大框架确定、明了的前提下，对柱子拼板组合的竖向描绘，注意虚实有致、大小合理；右边远处现代中式窗花格构图纹案，注意透视、比例以及虚实关系。这已经是最终图，所以要注意整体感以及远近、透视、比例关系。

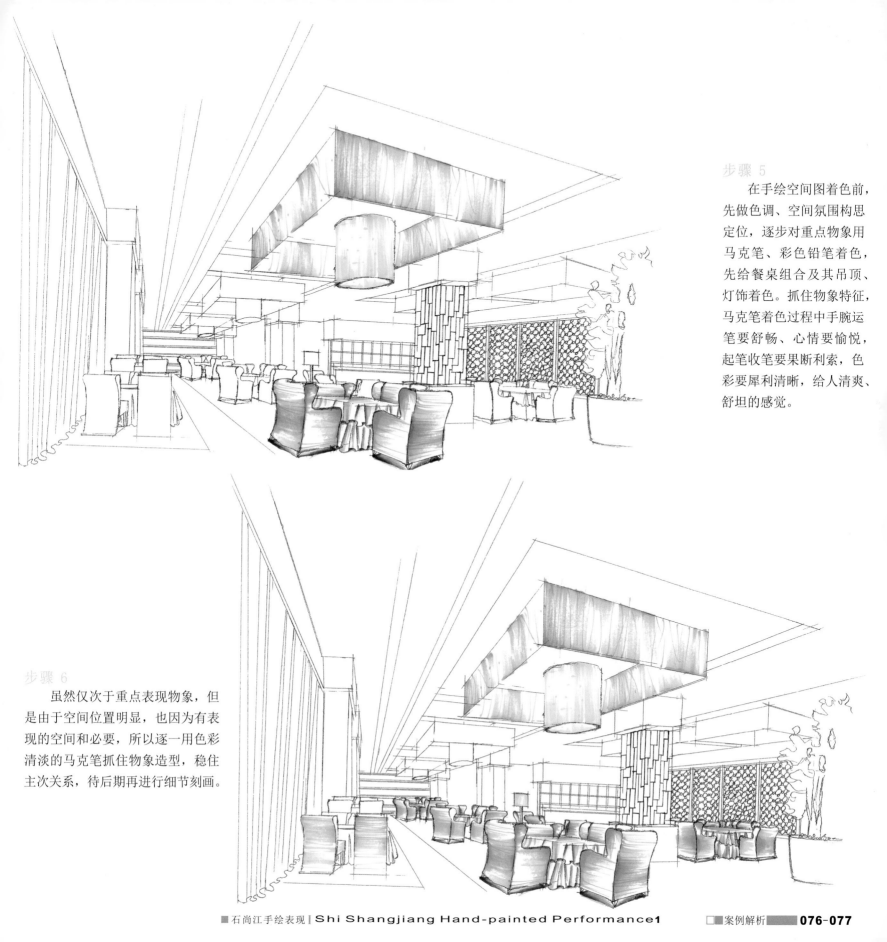

步骤 5

在手绘空间图着色前，先做色调、空间氛围构思定位，逐步对重点物象用马克笔、彩色铅笔着色，先给餐桌组合及其吊顶、灯饰着色。抓住物象特征，马克笔着色过程中手腕运笔要舒畅、心情要愉悦，起笔收笔要果断利索，色彩要犀利清晰，给人清爽、舒坦的感觉。

步骤 6

虽然仅次于重点表现物象，但是由于空间位置明显，也因为有表现的空间和必要，所以逐一用色彩清淡的马克笔抓住物象造型，稳住主次关系，待后期再进行细节刻画。

步骤 7
　　舒缓心态、放松心情，从大格局出发，整体把控空间氛围，
用清淡的色彩把握主色调，刻画现代中式窗花格以及远景装饰，
注意灰镜面、透光材料灯光效果表现。

步骤 8

　　最终出图整体把控，注意整体空间氛围、主次关系、重点突出，处理好远景与近景的关系，抓住重点细节刻画，心情舒缓、运笔放松，让马克笔笔触色彩轻盈掠过，以表达现代镜面、灯光效果，主要物象、近景逐用色实，塑形强化立体感。

05作品赏析
Works Appreciation
Shi Shangjiang Hand-painted Performance1

老师室内作品

现代简约，线条简练，装饰明快，大块面的墙面装饰清新自然，在刻画时用笔快速豪爽、清雅飞掠而过，笔面清晰；在刻画装饰花时，用色清雅，淡淡掠过，花瓣自然的特性脱颖而出。而水和玻璃刻画用色也是清雅，笔触飞过，玻璃的特性、水的透析被明确地表达了出来。

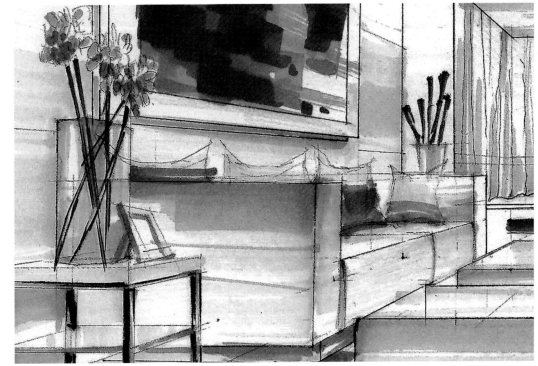

清晰、清新雅致，适当曝光，用色清澈、透气，而没有闷、憋的感觉，同时画面也要有对比度，以塑造立体感、强化空间形态、拉伸空间。

光影

　　空间通过黑白灰、明暗对比关系来表现造型、丰富光影变化，从而体现空间的节奏和序列感。刻画过程中抓住主次轻重关系，注意曝光度和黑白灰的明暗对比，用穿插的行笔系列抓住造型和光影；同时注意素水泥板特殊的材质肌理产生的特殊装饰效果，刻画用笔细腻，注意细节表达。

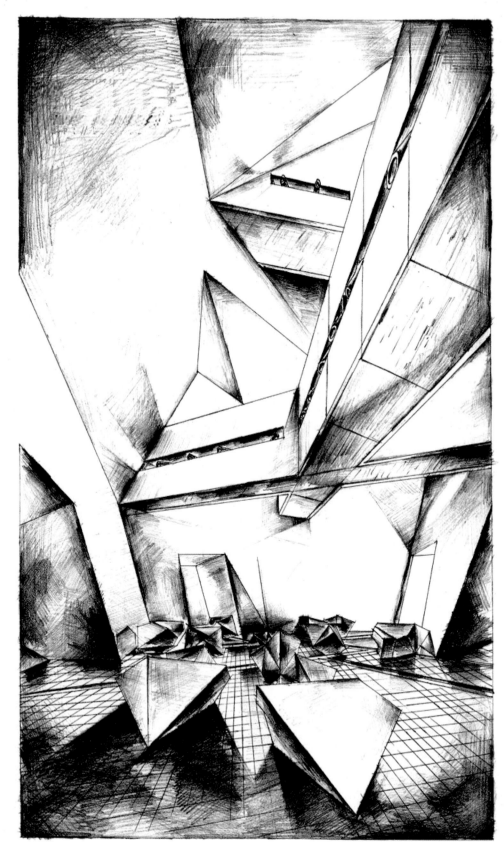

块面、形体、黑白灰

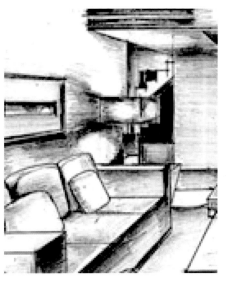

娱乐空间

注意灯光表达，马克笔笔触刻画轻快细致，色彩清晰自然，拉开明暗对比，强化进深空间，塑造立体感；注意材质的光感表达，渲染娱乐空间"嗨"的氛围。

灯光、细节

灯光的对比拉伸了空间，细节刻画诠释了装饰风格；刻画过程中，注意马克笔笔触运笔速度、力度、色彩应用应与空间氛围、材质相匹配。

明快、简练、清晰、准确

线条干练明朗、主次分明、虚实对比有致，色彩点缀重点突出，空间进深感强，色调统一，镜面表现体现了前卫、时尚的现代感。

地域性、中国旅游胜地的度假酒店，具有中国南方
少数民族地区装饰风情元素——民族性、文化性、地域
性，刻画时注意细节表达，空间表达大气豪迈，用色稳
重，用笔清雅。

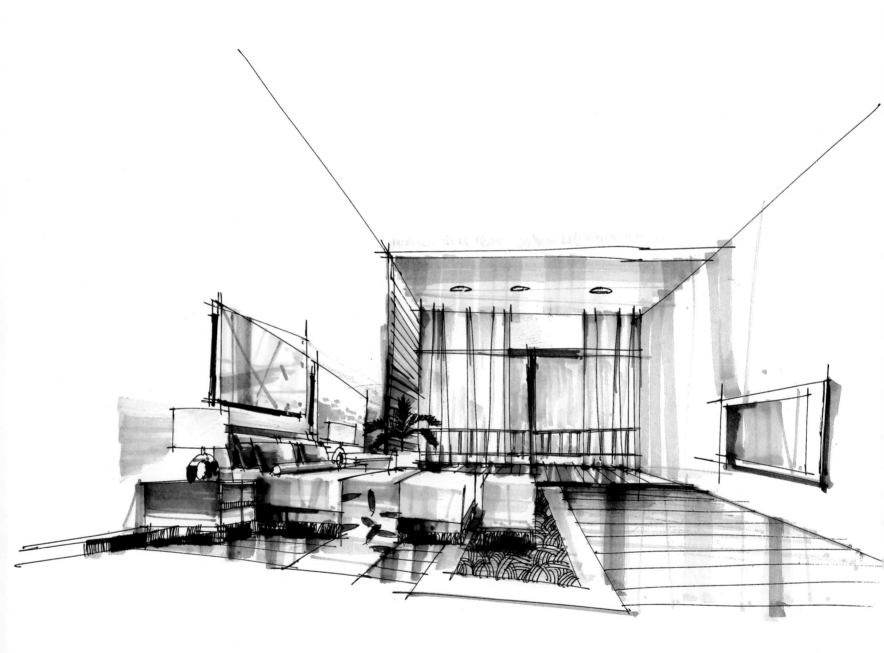

自然、放松

　　在绘制此空间时，线条绘制过程中心情要放松、自然，如同听音乐一样坦然，
空间线稿、色彩运笔自然顺畅，笔触犀利明了，色彩爽朗，空间设计自然到位。

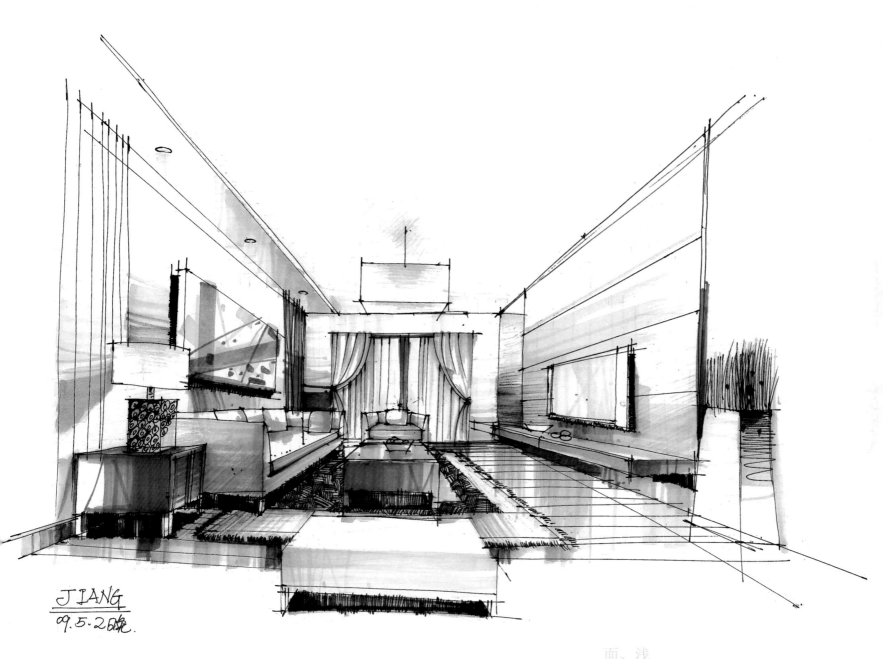

JIANG
09.5.2晚.

面、浅
　　着色以面为体，运笔轻快，色彩透析
可人，注意对比空间自然拉伸，强化体积
感，现代温馨的客厅空间油然而生。

明快、简练、清晰、细腻

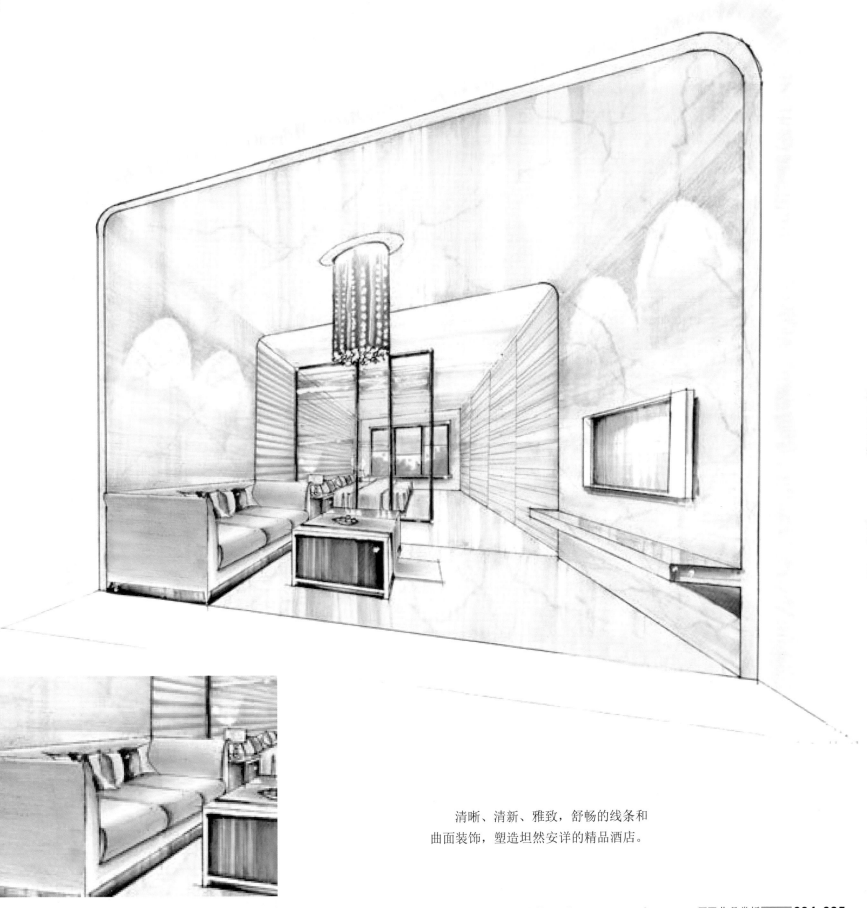

清晰、清新、雅致，舒畅的线条和
曲面装饰，塑造坦然安详的精品酒店。

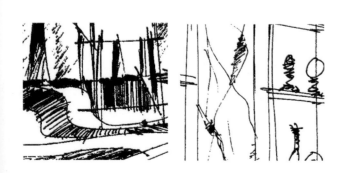

成角透视的黑白灰线稿方案表达，注意透视、比例的空间关系，抓住重点设计元素，不失细节刻画，以达到表达核心、传达设计思路意向，灌输设计卖点的目标。

　　理解甲方需求，从甲方角度考虑问题，综合各方面资讯，线稿以黑白灰表达，抓住重点，刻画核心，当然要注意空间的透视、比例关系以及材质表达刻画和设计元素传输，以达到思想、空间、细节、节奏的综合架构。

黑白灰的色彩与黄色系列产生了对比，刻画时注意用笔轻快、重点突出，线条组合注意节奏和韵律感。

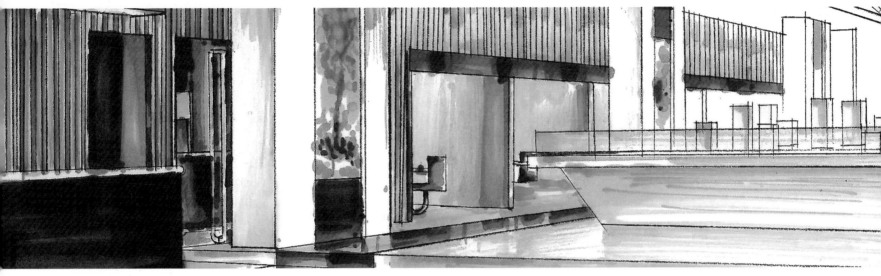

装饰木条的凹凸感，注意立体感刻画以及和光线产生的光影变化，用马克笔刻画，由重到轻，抓住最靠近光源的部分，距离光源远的部分则逐渐放轻笔触，飞笔掠过，以表达空间的进深。

设计有了理想，才会有内容，才会耐人寻味。本案中以现代简欧为主题，适当穿插其他元素，传达低调奢华的人文理念，以米黄色大理石迷人的纹理表达，结合暖色系灯光的渲染，体现了高贵和档次。在刻画过程中，首先要理解设计意念，才能心、眼、手融会贯通，绘制出漂亮的手绘效果图。

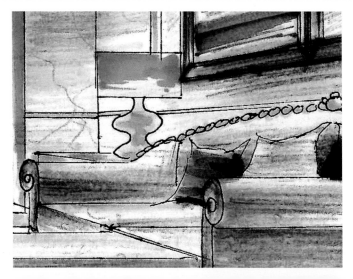

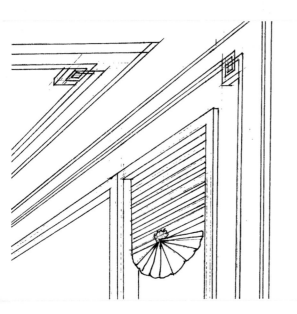
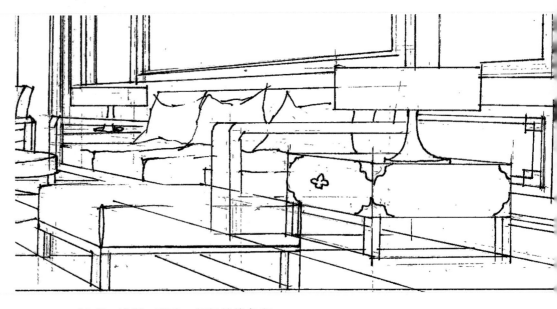

清晰、清新、雅致，舒畅的线条和
曲面装饰，塑造坦然安详的精品酒店。

空间大气、材质高端、氛围豪华

灯饰、灯光、材质组合和谐，
注意细节刻画，地花表达到位。

节奏、序列

　　酒吧空间是一个绚丽、扣人心弦的场所，表现它首先要理解它；"嗨""动感"的特性，要用一些比较跳跃的线条、点和曲线来表达、控制空间节奏、序列，通过差异化的马克笔笔触、运笔力度及速度和怪诞的色彩搭配去刻画和捕捉。

条理、序列

　　精品酒店大堂不是娱乐空间，它给人的感受是效率、温馨、归属，因此以面来表现，马克笔排笔相对工整，抓住重点，例如柜台背景墙的屏风，表现中式藤艺结构，马克笔笔触先抓面，再用一些跳跃的飞笔和凌乱的笔触去表现其穿插结构的特征。

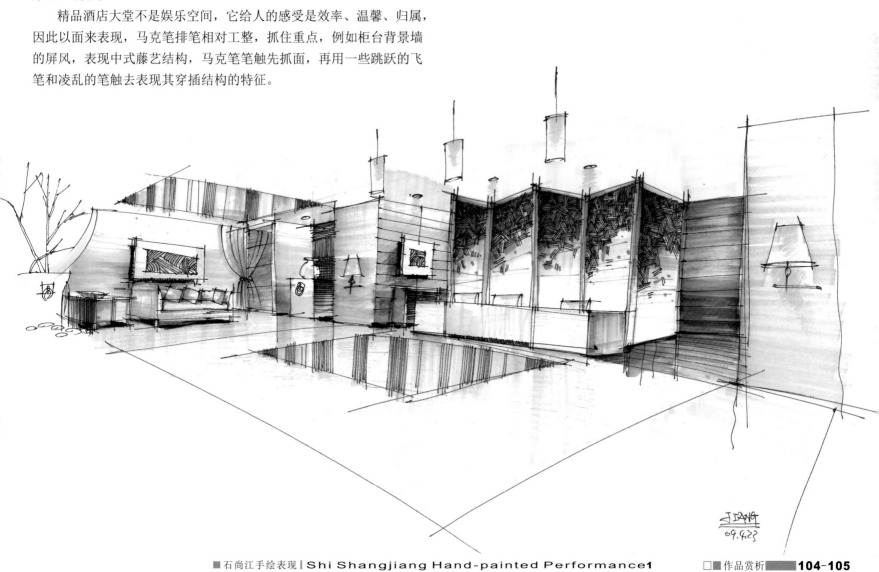

SHIshang jing
吃·尤·十

明快、清晰、细腻

客厅

　　爵士白大理石清新、雅致，纹路清晰动感，在刻画时马克笔笔触轻快飘逸，色彩淡雅，表露一种冷峻、浪漫、清凉的现代时尚家居空间。

餐厅

　　灰色不锈钢、镜面、不锈钢餐桌组合、透光暖色玻璃、锈铜装饰酒架，在刻画时要注意马克笔笔触运笔力度和速度，色彩清雅，轻重有致，注意空间立体感。

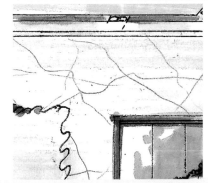

镜面、细节

　　空间为现代欧式样板房，冷静与尊贵的融合，欧式纹案、软配简约现代，摒去烦琐，不失内涵。因此，在绘制过程中，要注意镜面反射、光影变化、沙发材质的表达，电视柜纹路的细节刻画，用笔细腻、运笔轻快。

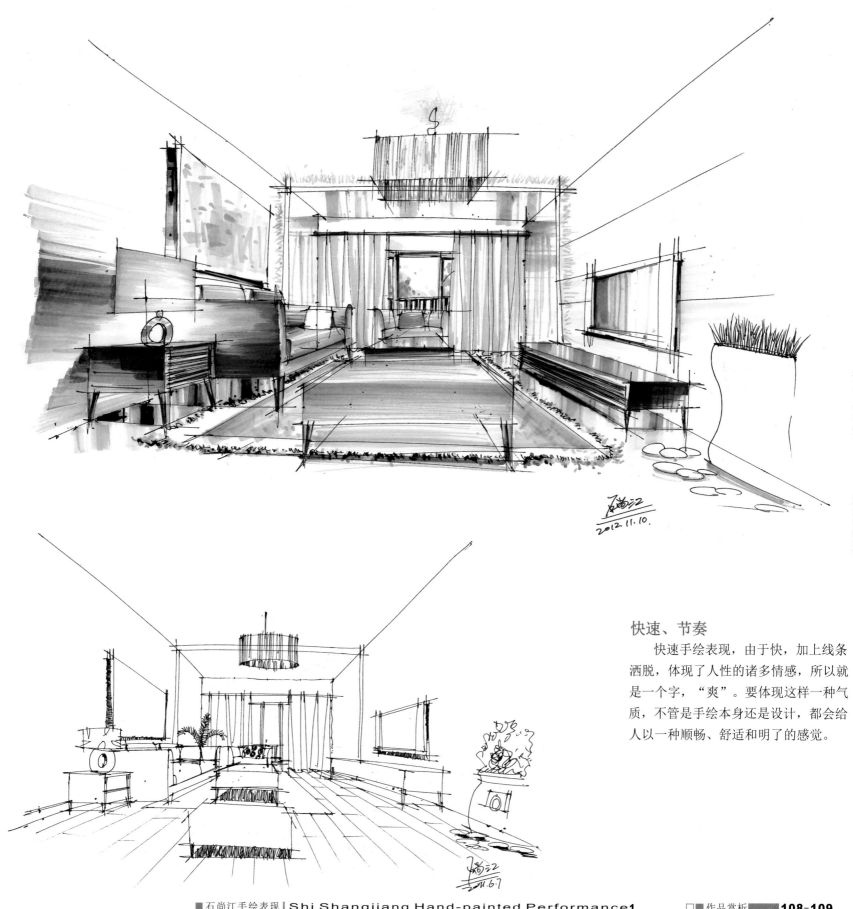

快速、节奏

　　快速手绘表现，由于快，加上线条洒脱，体现了人性的诸多情感，所以就是一个字，"爽"。要体现这样一种气质，不管是手绘本身还是设计，都会给人以一种顺畅、舒适和明了的感觉。

线、色彩

　　快速表现：比例、透视、线稿、色彩搭配和谐；线稿运笔明快、舒畅、洒脱；着色笔触轻快，色彩清雅。

线、透视、比例

　　快速表现，就是要快，既要注意空间透视，又要把控比例，此空间为一点透视，从最里面的墙体开始，设置单位尺度为参照，然后拉出大框架，紧接着是沙发、背景墙，而后逐步细化。注意线条运笔要轻快、有力、流畅、洒脱，平时要对线条多加练习。

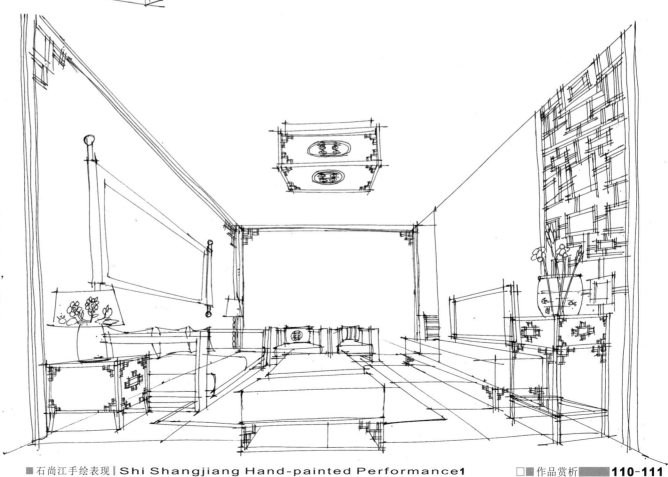

线、空间、色彩

用心专一、注意空间感，控制节奏，把握表现与设计之间的联系。

线条、明暗、虚实

系列、节奏、层次

黑白灰的空间表现，对比、通过
丰富的明暗关系拉伸空间，强化空间
系列；线条的虚实，赋予空间灵动。

空间、温馨、归家

酒店客房是睡眠空间，材质、灯光表现要柔和，体现出温馨、安详的放松神经系统！

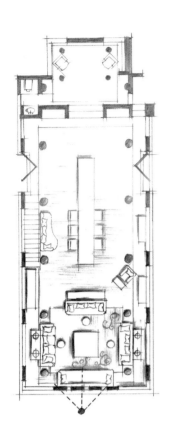

放松、坦然、热闹、欢快

空间的性质触动设计表现，黑白灰的单一表达了空间的不简单，穿插中捕捉层次，对比中寻求变化，空间如同乐符般演奏旋律，扣人心弦！

条理、线条、拉伸

学生作品：苏艺

学生作品：韦国栋

学生作品：苏艺

学生作品：谭展仁

823 苏艺

学生作品：苏艺

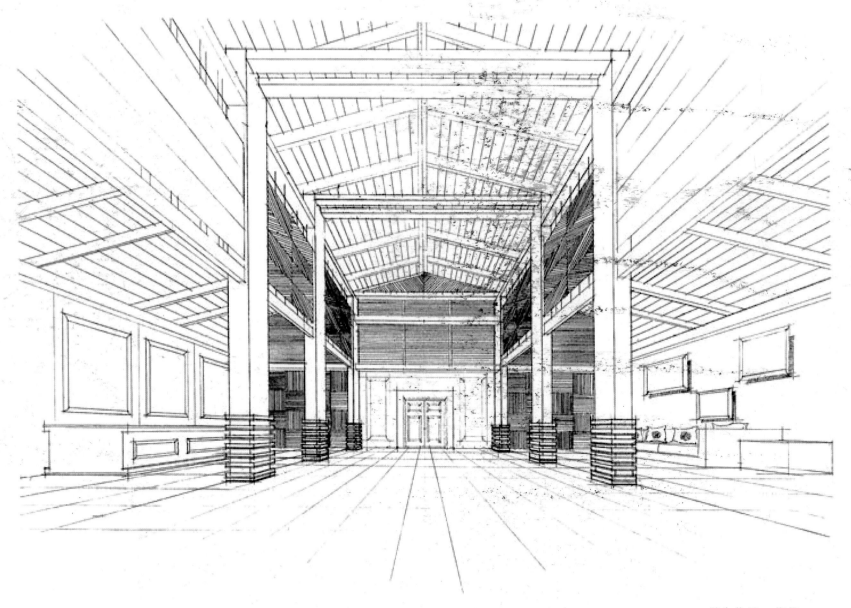

学生作品：苏艺

节奏、韵律

　　把握重点，注重细节，控制节奏，拉伸空间，寻求差异；马克笔运笔过程注意力度与速度，从形体块面着手，放松身心，飘然挥笔掠过，空间画面自然凸显节奏、韵律，美感自然而来。

细节、局部、光感、对比、节奏、序列

光感、形态、现代

　　建筑为现代的钢结构，玻璃幕墙、不锈钢、清镜、软膜；在用马克笔着色的时候，注意建筑外立面玻璃幕墙的穿插以及色彩由于灯光的原因而产生的变化，着色清雅、块体突出、表露出立体感，抓住形体重点，由近而远，运笔凸显轮廓。

光感、色彩、形体、轮廓

形态、材质、意境

物质世界之所以神秘、丰富，是因为世界万物既统一又差异，因此我们在表现空间的时候，方法是多种多样的。本案中以手绘表现空间，用马克笔结合水彩，又融入中国水墨山水画的画彩，体现了建筑与园林景观的空间艺术意境，表达了人文，凸显了主题。

细节、节奏、块体、层次

色彩、对比、序列

　　色彩的冷暖对比，线条的刚柔相济，曲线的跳跃与直线的平直相冲，促成了序列，
丰富了画面；在用马克笔刻画时，运笔要控制节奏和速度，色彩要透析明了，掌握节奏。

明快、简练、清晰、细腻

材质、光影、天空

　　在阳光的普照下，光线强烈，因此正面光照和背光产生巨大反差，表现的时候注意亮面与暗面的对比，同时注意材质的深浅差异化表现，在刻画的时候，同时注意材料本身的质感和色彩，马克笔运笔的过程中，由浅到深，注意层次感，运笔放松、力度轻快，马克笔起笔、收笔飘然，把握收放时间、瞬间变化。阴影是丰富空间的强有力表现素材，它能拉伸空间，置二维平面以三维立体，因此表现它需要理解加上技法，色彩深度因具体的空间部位不同而不同，宜浅不宜过深，以免致闷和造成画面的脏乱效果。

局部、对比、清晰、细腻

明快、简练、清晰、节奏

对比、节奏、层次

对比、收放、细节、拉伸

学生作品：韦西娜

深圳石头手绘精彩之影

Shenzhen stone hand-painted great shadow

深圳石头手绘网址:360/百度 石尚江 搜
深圳石头手绘QQ:928797460 1916817397
深圳石头手绘培训热线： 深圳132 4206 4878 南宁1877 5360 118
深圳石头手绘培训(深圳)地址： 深圳市福田区岗厦村东三坊
深圳石头手绘培训(南宁)地址： 广西南宁市明秀西路96号(广西财经学院旁)

石头设计
SSJ DESIGN
深圳石头
设计手绘
培训机构

银 7-30

学生作品：银晓琼